工业机器人专业人才"十三五"规划教材

机器视觉与传感器技术

邵　欣　马晓明　徐红英　编著

张方杰　主审

北京航空航天大学出版社

内 容 简 介

本教材采用项目式形式编写，主要介绍机器人视觉技术的基础项目，并重点阐述机器人视觉与传感器之间的关系。全书通过七个项目来讲述有关内容，包括：图像系统的构成、机器人系统中的视觉应用、机器人内部传感器、触觉传感器、力觉传感器、其他外部传感器、工业机器人传感器应用。

本书适于电气类、自动化类及机电类专业本科教学使用，适度删减部分内容后可作为电气类、机电类专业高职高专教学用书，也可作为控制类研究生教材或工程技术人员培训教材。

图书在版编目(CIP)数据

机器视觉与传感器技术 / 邵欣，马晓明，徐红英编著． -- 北京：北京航空航天大学出版社，2017.6
ISBN 978-7-5124-2448-7

Ⅰ. ①机… Ⅱ. ①邵… ②马… ③徐… Ⅲ. ①计算机视觉②传感器 Ⅳ. ①TP302.7②TP212

中国版本图书馆 CIP 数据核字(2017)第 133411 号

版权所有，侵权必究。

机器视觉与传感器技术
邵 欣　马晓明　徐红英　编著
张方杰　主审
责任编辑　蔡 喆　李丽嘉

＊

北京航空航天大学出版社出版发行

北京市海淀区学院路 37 号(邮编 100191)　http://www.buaapress.com.cn
发行部电话：(010)82317024　传真：(010)82328026
读者信箱：goodtextbook@126.com　邮购电话：(010)82316936
涿州市新华印刷有限公司印装　各地书店经销

＊

开本：787×1 092　1/16　印张：13.5　字数：346 千字
2017 年 8 月第 1 版　2021 年 7 月第 4 次印刷　印数：8 001～11 000 册
ISBN 978-7-5124-2448-7　定价：29.00 元

若本书有倒页、脱页、缺页等印装质量问题，请与本社发行部联系调换。联系电话：(010)82317024

前 言

本书介绍的机器视觉与传感器技术主要应用于机器人领域,具有应用范围广、技术附加值高的特点。目前,机器视觉与传感器技术已广泛应用于汽车及汽车零部件制造业、机械加工行业、电子电气行业、橡胶及塑料工业、食品工业、木材与家具制造业等领域中。在工业生产中,诸如弧焊机器人、点焊机器人、分配机器人、装配机器人、喷漆机器人及搬运机器人等都已被大量采用。为了检测作业对象及环境或机器人与它们的关系,机器人上安装了机器视觉、触觉传感器、视觉传感器、力觉传感器、接近觉传感器、超声波传感器和听觉传感器等,大大改善了其工作状况,使其能够更高效地完成复杂的工作。由于外部传感器为集多种学科于一身的产品,有些方面还在探索之中,随着其进一步完善,机器人的功能将越来越强大,能够在更多领域为人类做出更大贡献。

高等院校要面向企业岗位工作实际,培养出具备理论与实践能力和新技术应用水平的应用技术型专业人才,提高职业教育质量,为企业培养高素质的后备员工,以解决企业技术实际应用中调试与操作的"瓶颈"问题,这是国内职业教育及培训的重要任务。

本书针对这一重任,严格遵循行业与职业标准,遵照技术技能人才培养规律,以实际应用能力培养为核心,以工作任务为主线,精选内容,结合机器视觉与传感器的典型案例,引领读者对机器视觉与传感器由浅入深地进行学习与操作,为培养"强基础、善应用、勇创新"的高素质技术技能人才提供服务。本书编委由教学经验丰富的高校教师与一线企业专家共同组成,贴近实际,务实创新。

本书编写的出发点是基于机器视觉与传感器的理论讲解与实际应用,通过工作项目与任务的教学方法,介绍了图像采集、图像处理、机器人内部传感器、触觉传感器、力觉传感器、其他外部传感器,并逐渐过渡到机器人传感器系统典型应用案例的分析与掌握。全书共 7 个项目,25 个便于应用的教学任务,让学生通过任务全面掌握机器视觉与传感器的基本知识与使用要领,将"学做一体"的科学职业技能培养思想贯穿全书。

本书由天津中德应用技术大学邵欣博士(副教授)、马晓明、李云龙、檀盼龙、王峰以及天津机电职业技术学院徐红英教授共同编著,北京赛佰特公司副总经理张方杰担任主审、高级工程师唐冬冬协助校稿。参编人员具体负责的章节为:天津中德应用技术大学邵欣(项目二以及项目三,约 8 万字)、马晓明(项目四,约 6 万字)、檀盼龙(项目六,约 6 万字)、李云龙(项目七,约 7 万字)、王峰(项目一,约 4 万字),天津机电职业技术学院徐红英(项目五,约 3 万字)。

编纂期间,编委参考了同类书籍、教材和网络资料,并且获得了北京赛佰特公司的大力支持,于此处表示真诚感谢!

由于作者水平有限,书中疏漏之处,万望广大读者朋友斧正指点,可以将建议与意见发送邮件至:shaoxinme@126.com。

编 者
2017 年 5 月

目　　录

项目一　图像采集单元 ……………………………………………………………… 1
　　任务一　镜　头 …………………………………………………………………… 2
　　任务二　光　源 …………………………………………………………………… 8
　　任务三　图像传感器 ……………………………………………………………… 13
　　任务四　图像采集卡 ……………………………………………………………… 20

项目二　图像处理单元 ……………………………………………………………… 30
　　任务一　图像增强 ………………………………………………………………… 31
　　任务二　图像分割 ………………………………………………………………… 44
　　任务三　边缘提取 ………………………………………………………………… 49
　　任务四　图像配准 ………………………………………………………………… 56

项目三　机器人内部传感器 ………………………………………………………… 66
　　任务一　机器人位移与速度的测量 ……………………………………………… 67
　　任务二　机器人中加速度传感器的应用 ………………………………………… 72
　　任务三　机器人平衡姿态的检测 ………………………………………………… 77

项目四　触觉传感器 ………………………………………………………………… 81
　　任务一　机器人被测目标的接触检测 …………………………………………… 81
　　任务二　机器人接近被测物的检测 ……………………………………………… 84
　　任务三　机器人可靠抓取被测物的检测 ………………………………………… 93
　　任务四　机械手握力控制与支撑力检测 ………………………………………… 97

项目五　力觉传感器 ………………………………………………………………… 107
　　任务一　关节力的检测 …………………………………………………………… 107
　　任务二　装配时的腕力检测 ……………………………………………………… 116
　　任务三　机械手指力的检测 ……………………………………………………… 119
　　任务四　力觉传感器在打磨机器人中的应用 …………………………………… 122

项目六　其他外部传感器 …………………………………………………………… 127
　　任务一　机器人对距离的探测 …………………………………………………… 127
　　任务二　机器人巡线检测 ………………………………………………………… 136
　　任务三　机器人对压力的检测 …………………………………………………… 147

任务四 机器人对光源的检测……………………………………………… 156
项目七 机器人传感系统分析 …………………………………………… 171
  任务一 机器人装配传感系统 ………………………………………… 172
  任务二 机器人导航系统 ……………………………………………… 181
  任务三 机器人手爪传感系统 ………………………………………… 190
参考文献 ……………………………………………………………………… 210

项目一　图像采集单元

图 1.0-1　机器视觉的各种应用

现代生产涉及各种检查功能、测量功能以及识别功能。这些功能的具体应用场景包括：自动流水线上的元件定位、汽车配件的尺寸检查、纯净水瓶盖的印刷质量检测、产品外包装的条码检测和字符识别等，这些功能的共同特点是连续大批量生产以及外观质量要求较高。在很长一段时间内，这种具有高度重复性和智能性的工作一直由人工来完成。在工厂的流水线上，大量的检测工人来执行这道工序。其结果是不仅无法满足 100% 的检验合格率，而且给企业带来巨大的人工成本和管理成本。现代企业之间的竞争，已经不允许存在丝毫的缺陷，很多检测，比如微小尺寸的精准快速测量、匹配形状、辨识颜色等，人类的肉眼无法连续稳定地进行辨识，所以人们开始考虑将计算机的可靠性、快速性、可重复性与人类视觉的抽象能力和高度智能化相结合，由此产生了机器视觉的概念。

机器视觉使用机器代替人眼来做测量和判断，一般分为下面几个步骤：先使用相机将被拍摄目标转换成图像信号；根据像素分布、颜色和亮度等信息，图像信号会转变成数字信号并传送给专用图像处理系统；专用图像处理系统对这些信号进行各种数字运算，抽取目标特征，包括位置、数量、面积、长度等信息;最后根据预设条件输出最终结果,如角度、尺寸、个数、偏移量、合格/不合格、有/无等。机器视觉的特点是客观、自动化、高精度和非接触。与一般意义上的图像处理相比,机器视觉更多强调的是速度、精度以及工业现场环境下的可靠性。机器视觉非常适用于大批量生产过程中的检查、测量和辨识,如装配尺寸精度、零件装配完整性、位置/角度测量、零件加工精度、特性/字符识别、零件识别等。其一般应用行业为制药、汽车、制造、电子与电气、医学、包装食品等,如对汽车中仪表盘加工精度的检查、对管脚数目的检查、贴片机上电子元件的快速定位、IC表面印字符的辨识、胶囊生产中外观缺陷和胶囊壁厚的检查、轴承生产中破损情况和滚珠数量的检查、食品包装上对生产日期的辨识、标签贴放位置的检查等。

典型的机器视觉系统一般由图像采集单元和图像处理单元两部分组成。本章介绍图像采集单元部分。

任务一 镜 头

镜头是机器视觉系统中的重要组成部件,是连接被测物体和相机的纽带,它的作用类似于人类的眼睛,对相机成像的清晰程度和拍摄效果有直接影响,对成像质量好坏起着决定性作用。镜头因为自身参数比较复杂,所以种类较多。

一、任务提出

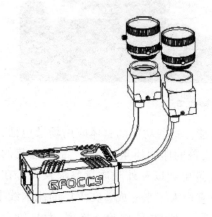

图1.1-1 GFOCUS相机

如图1.1-1所示,GFOCUS相机系统为什么使用镜头?什么是镜头?我们又该如何选择镜头呢?

二、任务信息

镜头是由若干共轴的透镜组成,这些透镜彼此有空气间隔。因为成像时光线要通过每个透镜并且产生多次折射,所以镜头实际成像光路图非常复杂。在几何光学领域,研究共轴球面理想光学系统成像时,一般忽略镜头的实际结构,从而将问题简化。

镜头的主要作用是把目标的光学图像聚焦,聚焦图像呈现在图像传感器的光敏面阵上。视觉系统处理的所有图像信息都是通过镜头得到的,镜头的质量直接影响视觉系统的整体性能。

在实际使用中,镜头的选择一般依赖于它的参数,下面详细介绍常用的镜头参数。

1. 镜头的参数

(1) 焦距

平行光线经过镜头的折射,在其主轴上聚成一个清晰的点,叫做焦点,如图 1.1-2 中的点 F 和 F'。从镜头中心到焦点的距离,称作焦距。相机的焦距一般会印刻在镜筒的外圆周上,单位为 mm。

焦距跟成像大小有着直接的关系,其关系为:

$$h' = -f' \tan\omega \tag{1.1-1}$$

式中:h' 为像高,f' 为焦距,ω 为半视场角,负号表示所成的像是倒立的。

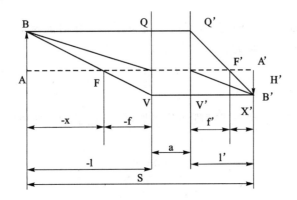

图 1.1-2 理想光学成像示意图

(2) 相对孔径与光圈数 F

相机镜头是由多个透镜组成,这些透镜具有一定直径。一般还设置一个直径可变的金属光孔来限制进入镜头的光束大小,这个金属光孔称为"孔径光阑"。孔径光阑对它前方光学元件所成的像,称为"入射光瞳",如图 1.1-3 所示。

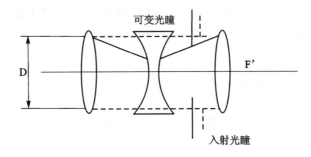

图 1.1-3 相对孔径示意图

相对孔径的定义是相机镜头的入射光瞳直径 D 与焦距 f' 的比值,即 D/f'。相对孔径的倒数称作光圈数,用 F 表示,一般会标在镜头外径上。相对孔径跟像面照度的关联性很大。一般来说整个像面照度分布不均匀,由中心向边缘逐渐减弱。增加相对孔径有助于提高像面照度。

(3) 视　角

视角描述了镜头能"看"多宽的能力,一般用 2ω 表示。一般镜头的孔径光阑完全对称,而且镜头处于同一介质中,此时物方视角和像方视角相等,所以在使用中一般不区分物方视角和像方视角。

(4) 工作距离

工作距离是被摄物体到镜头的距离,也可称为物距,用 l 表示。一般镜头可以看到无穷远处,所以不讨论镜头的最大工作距离,但是镜头存在最小工作距离,如果镜头在小于最小工作距离的距离工作,将无法得到清晰的图像。在镜头上有一个调节圈,通常比较大,可以用来调节工作距离。调节圈上面会标出镜头的工作距离。

(5) 视　野

视野描述了镜头能"看到"的范围,规定了镜头正常工作时能覆盖的最大工作空间,用 $2h$ 表示。视野与工作距离的关系为:

$$h = l\tan\omega \tag{1.1-2}$$

(6) 景　深

景深指调焦平面前后能够生成清晰图像的距离,描述了镜头能够"看"清楚的"度"。计算公式如下:

$$\Delta = \Delta 1 + \Delta 2 \tag{1.1-3}$$

$$\Delta 1 = \frac{FZ'l^2}{f'^2 - FZ'l} \tag{1.1-4}$$

$$\Delta 2 = \frac{FZ'\rho^2}{f'^2 + FZ'l} \tag{1.1-5}$$

式中:$\Delta 1$ 为前景深,$\Delta 2$ 为后景深,F 为光圈数,Z' 为弥散斑直径。

(7) 镜头成像质量的评价

镜头成像的好坏一般用像差来描述。像差是实际成像与理想成像之间的差异。相差产生的原因有很多,如在设计镜头时,设计者需要一些近似计算,从而产生相差;在镜头生产时,由于加工精度不达标造成相差。目前常用的像差有 7 种,分别是彗差、球差、场曲、像散、位置色差、畸变和倍率色差。

2. 机器视觉系统中镜头的分类

镜头的结构复杂多样,所以分类的方法也很多,常见的分类方法有以下 3 种。

(1) 按照焦距分类

依据焦距是否能够调节,镜头可以分为定焦镜头和变焦镜头两种,其中变焦镜头可以分为手动变焦镜头和电动变焦镜头两类。按照焦距长短,镜头可以分为短焦距镜头、中焦距镜头和长焦距镜头三种,焦距范围的划定随着画幅尺寸不同而改变。常见的 135 相机镜头的焦距一

般为:

① 短焦距镜头,焦距 7.5~28mm;
② 中焦距镜头,焦距 35~85mm;
③ 长焦距镜头,焦距 135~300mm;
④ 超长焦距镜头,焦距 400~1200mm。

(2) 按照有效像场分类

最大像场范围的中心部位有一个区域,它能使存在于无限远处的景物形成清晰影像,这个区域称为清晰像场。相机的靶面一般都位于清晰像场之内,这一限定范围称为有效像场。根据有效像场的不同,镜头可以分为:

① 135 型相机镜头,有效像场尺寸为 24mm×36mm;
② 127 型相机镜头,有效像场尺寸为 40mm×40mm;
③ 120 型相机镜头,有效像场尺寸为 80mm×60mm;
④ 大型相机镜头,有效像场尺寸为 240mm×180mm。

(3) 按照镜头接口类型分类

相机跟镜头之间的接口有许多不同的类型。工业相机常用的接口有 EF 接口、C/Y 接口、SA 接口、OM 接口、C 接口以及 CS 接口等。接口类型的不同不会影响镜头的性能和质量,但是接口类型不同,生产商的制造方式和使用的传输协议就不同,所以各种接口之间需要转接口。

除了以上几种常见分类之外,镜头还可以根据相对孔径以及视场角等进行分类。

3. 镜头的选择

除了镜头的有关参数和分类,在选择镜头时还要总结参数和像差之间的相互关系。

① 球差的大小与被拍摄物体光圈以及位置有关,当被拍摄物体位置确定后,光圈缩小 1 倍就会导致球差缩小 1 倍;
② 彗差的大小与光圈大小有关,如果光圈缩小,就可以减小彗差对成像的影响;
③ 像散的大小与视场的二次方成正比,与孔径无关,当工作距离已经确定时,就应该选择较小的视场或较小的视角;
④ 场曲与孔径无关,与视场的平方成正比,减小像散的同时会遏制场曲;
⑤ 畸变与视场的三次方成正比,与孔径无关,在工作距离确定的时候,畸变大小与 $\tan3\omega$ 成正比;
⑥ 倍率色差只跟视场的一次方成正比,与孔径无关。

掌握了以上知识,就可以正确地选择镜头了。

正确地选择镜头不是一件容易的事情,有很多因素要综合考虑。下面用一个实际例子讲述镜头的选择。

当对帘子布进行拍照时,布幅宽 1.5m,即视场最小为 1.5m。选用的相机是 CCD 线阵相机,感光元件的尺寸为 40.96mm×10μm,工作距离最大是 2m。帘子布的运行速度为 50m/m,相机的曝光时间比较短,要求像面照度比较大。为了减小像差,应该尽量选择小的光圈和小的视场,但是因为布幅的限制,视场最小为:

$$2h = 1.5m \tag{1.1-6}$$

像面边缘的照度是：

$$E_\omega = E_0 \times \cos\omega^4 \tag{1.1-7}$$

当 ω 是 30°时，边缘照度只有中心的一半左右；当 ω 是 40°时，边缘照度等于中心的 1/3。由此可以看出，视场角的增大对象面边缘照度的影响较大。所以在选择视场角时，应该满足 2ω 小于 80°。要想增大像面照度，应该选择相对孔径较大、光圈较大的镜头，但是当光圈增大时，球差和彗差也随之增大。因此，光圈要根据实际情况进行选择。

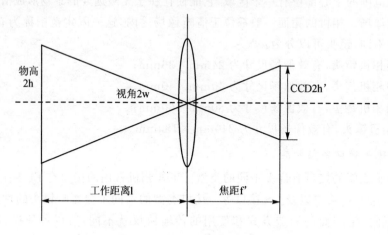

图 1.1-4 相机镜头焦距选取简图

在实际选择镜头时，可以按照图 1.1-4 所示进行近似计算。CCD 线阵相机的感光元件尺寸保持不变，即：

$$2h' \approx 40.96 \text{ mm} \tag{1.1-8}$$

现在要做的工作主要是确定工作距离和焦距。由像面照度关系可知，如果选择 2ω 等于 60°，则工作距离为：

$$l = \frac{h}{\tan\omega} = 1.299m \tag{1.1-9}$$

计算结果小于 2m，符合工作距离的要求；

焦距结果为：

$$f = \frac{\tan\omega}{h'} = 35.4734 mm \tag{1.1-10}$$

即可以选择 35mm 的镜头。

如果按照极限工作距离 l 等于 2 米计算，视角为：

$$2\omega = 41° \tag{1.1-11}$$

这是视角的极限值，所以两倍的视角应该大于 41°。

焦距的极限值为：

$$f' = l \times h' \times h = 54 mm \tag{1.1-12}$$

即焦距可以小于 50 毫米。

根据以上计算结果，选择了两种镜头：一种是 35mm 定焦，F 值为 1∶1.2，接口是 F 接口的镜头；另一种是 50mm 定焦，F 值为 1∶1.2，接口为 F 接口的镜头。这两种镜头在应用中均符合要求，而且经过图像矫正后，图片的质量可以提高很多，为后面的图像处理做好基础。

在选择镜头时，有时还需要考虑其他因素，如光源对成像的影响程度、景深对成像的影响程度等。本项目中拍摄的对象是帘子布，属于平面拍摄范围，因此对景深的要求不高。如果对景深有着较高要求，需要根据相关资料来确定景深的大小。

三、任务完成

GFOCUS 相机系统通过镜头将被测量对象反射的光折射在数字相机的像平面形成图像，是 C/CS 接口的镜头。

镜头是由若干共轴而又彼此有空气间隔的透镜组成，主要作用是将目标的光学图像聚焦在图像传感器（相机）的光敏面阵上。视觉系统处理的所有图像信息均通过镜头得到，镜头的质量直接影响到视觉系统的整体性能。在实际使用中，通常根据镜头的参数和实际应用情况来进行选择。

四、任务拓展

图中所示为 GFOCUS 公司配备的 AOS 系列相机，查找有关资料，说明该系列相机配备的镜头参数是多大？

五、任务小结

镜头是图像采集的第一个器件，它好像人的"眼睛"一样。镜头的好坏关系到机器视觉系统中图像采集是否理想，选择镜头要考虑的因素比较多，只有综合考虑各个参数相互之间的联系及对成像的影响，选择出理想的镜头，才能拍摄出令人满意的图像。

任务二 光 源

一个稳定可靠的机器视觉系统,不仅局限于在实验室获取一时性的优质图像,更重要的是在实际生产现场持续地获得高品质、高对比度的图像,即必须能够对工业生产现场可能出现的多种多样的外部条件的变化做出正确响应。这些外部条件中最可能出现不确定变化的就是环境光线的变化,所以提高照明光源的品质至关重要。

一、任务提出

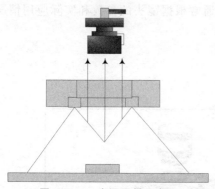

如图1.2-1所示,在该系统中,为什么相机要配合光源使用?

图 1.2 - 1　光源照射示意图

二、任务信息

图像采集是利用光源照射被观察对象,突出对象特征以利于镜头采集图像,进而为随后的图像分析及图像处理奠定基础。因此,光源的选择很大程度上决定了图像特征的采集及后续算法的复杂程度。合适的光源及照明技术有助于采集到特征明显的图像信息,从而使机器视觉系统达到最优化。

好的光源设计可以在突出图像特征的同时抑制不需要的干扰特征,在获得清晰的对比信息及提高信噪比的同时,减少光源位置及物体高速运动所带来的不确定性。而不恰当的光源设计则会造成非均匀照明的结果,进而导致图像亮度不均,使得图像特征和背景特征混淆,难以区分,干扰增加。

1. 光源的主要参数

合适的光源需要有足够的亮度来突出拍摄目标的特征。机器视觉的对象大多是高速运动的物体,因此,适合的光源在物体位置发生变化时要具备稳定性和均匀性。与此同时还要考虑光源颜色、光源位置以及相机模式对图像采集的影响。

光可以分为可见光与不可见光,主要区别是波长的长短。不可见光主要指红外线、远红外线(波长大于760nm)、紫外线(波长小于380nm)等。可见光指波长在400nm到700nm之间的光,如卤素灯、白炽灯、LED、高频荧光灯、氙灯等光源的光。机器视觉主要应用可见光照明,以下分析几种可见光的相关特性,其相关特性见表1.2-1。

表1.2-1 各种可见光相关特性

光源	寿命/小时	特点	颜色	亮度
白炽灯	1 000～2 000	发热多	白、偏黄	亮
卤素灯	5 000～7 000	发热多	白、偏黄	很亮
高频荧光灯	5 000～7 000	发热多	白、偏黄	亮
LED灯	60 000～100 000	发热多	红、绿、蓝	较亮
氙灯	2 000～3 000	发热多	白	亮

在对可见光的特性进行分析的同时,要考虑不同光源是否能被制作成不同尺寸,从而达到对各个角度照明的目的,还需要考虑各种光源的反应速度是否足够敏捷,即是否能够在微秒级甚至于更短的时间内达到最大亮度,以及其使用寿命、成本及散热效果等。

最常见的光源是白炽灯,它可以将光传送到很多难以到达的地方,照明的同时产生大量的红外能量,且价格低廉,可以通过低压操作来延长使用时间,但白炽灯也存在很多问题,如发光效率低、反应时间长等;卤素灯光色不失真,使用时间长,但发热量较多;高频荧光灯使用寿命长,发热少,但显色性能不好,不容易做成不同尺寸来对各个角度照明;LED灯单色性好,产生热量少,基本上实现了可见光的所有颜色,并且发光响应速度快,能够在纳秒级的时间内达到稳定状态且功耗极低,在面对高速运动的物体时,LED灯抗冲击性以及防震性好,因此是当前主流的机器视觉光源。

2. 光源位置的选择

在选定LED作为光源的情况下,它的形状和位置的选择也十分重要。光源的位置主要包括结构光照明、前向照明以及后向照明。LED光源的形状包括环形光源、背光源、同轴光源以及位光源。环形光源主要应用于需要不同颜色组合和照射角度的物体;背光源能够提供高强度背光照明,突出物体特征;同轴光源可以对表面不平整物体带来的阴影干扰起到较好的屏蔽作用;位光源一般应用于高速运转、精度高、体积小的物体。

将LED光源的形状及位置结合起来可以得到如下结论:

① 前向照明,将光源放在相机和被测物体的前方,如图1.2-2所示,涉及的光源有条形光源和环形光源。前向照明需要考虑的因素包括背景图像与被测特征的区别度,主要针对低速运动物体表面疵点、缺陷或者其他细节特征。

② 后向照明,将光源放在被测物体及相机的后面,如图1.2-3所示,涉及的光源有点光源、背光源等。后向照明需要考虑的因素包括光通量及被测物体的透明度,主要应用场合包括具有光通量物体特征的检测及透明物体疵点检测。

③ 结构光照明,如图1.2-4所示,是指通过透镜、光圈等技术手段,使光源发出的光具有一定形状,能够满足被测物体与其他背景之间的划分。结构光照明涉及的光源包括AOI专用光源及球积分光源等,主要应用场合包括三维图像及半球面内壁检测。

本节使用帘子布的疵点特征为对象。为了最大限度地将疵点特征与背景图像分开,采用后向照明。后向照明需要验证光通量。光通量是人眼能感觉到的辐射能量,单位是流明。光

通量作为发光强度的主要指标,可以表示为

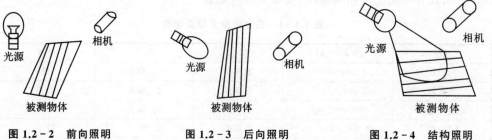

图 1.2-2　前向照明　　　　图 1.2-3　后向照明　　　　图 1.2-4　结构照明

$$E = \frac{\ln x}{D^2} \tag{1.2-1}$$

其中,D 是光源到被测物体的距离,x 是发光强度。因为帘子布疵点检测使用后向照明,所以需要考虑光源所处角度的不同所带来的发光强度不同,如图 1.2-5 所示。

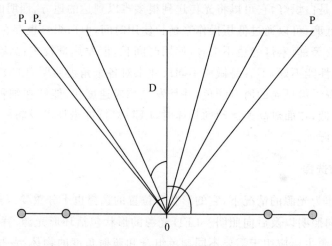

图 1.2-5　后向照明光源分布

后向照明光源到达各个位置的光照强度是

$$E_j = \sum_{i=1}^{N} \frac{l}{D^2 \left[l + \left(\tan\left(\theta_j - \frac{d_i}{D}\right) \right) \right]} \tag{1.2-2}$$

其中,E 是光照强度,θ 是光源与参考点的角度。

对于二维空间来说,可以推导出光源强度是

$$E_{ij} = \sum_{i=1}^{N} \frac{l}{D^2 \left[l + \left(\tan(\theta_j) - \frac{d_i^2}{D} \right)^2 + \tan(\sigma_i) - \frac{d_i^2}{D} \right]} \tag{1.2-3}$$

其中 d_i^x, d_i^y 是光源在二维空间中的坐标位置。

在机器视觉领域,针对不同的物体特征,需要考虑的光源因素各不相同。本项目通过线阵 CCD 相机对帘子布织物的疵点特征的直面拍摄,选取 LED 作为光源并采取后向照明的方式,从而获得清晰的织物疵点图像。

3. 光源颜色对照明效果的影响

在实际应用中,还要考虑光源颜色对照明效果的影响程度。使用光源的目的是把背景与被测物体之间的特征差别尽量放大,从而获得高对比度、区别明显的图像。光源颜色对处理精度和速度的影响很大,对整个系统的成败起决定性作用。因此,可以通过控制光源的颜色,找出适合在不同照明情况下识别图像特征的最佳光源颜色,从而提高图像的分辨率,进而为后续的图像特征提取与算法编写做好准备。

(1) 光源的优化

光的三原色红(R)、绿(G)、蓝(B)为互补色。所有的光都是由不同比例的红、绿、蓝三原色组合而成。光照在被测物体上时,被测物只反射和自身颜色相同的色光,而不同色光照在互补色物体上的时候完全不反光。

三原色的色光叠加是白光,色彩叠加是黑色。因此,可以将光源分解为对应的红、绿、蓝三原色来分析,同时假设红、绿、蓝三原色的光谱不重叠,从而分析出适合相机感应区域的红、绿、蓝对应值,也就是合适的光源颜色。

$$R = \int_{\lambda R2}^{\lambda R1} i(\lambda) s(\lambda) f_R(\lambda) d\lambda$$
$$G = \int_{\lambda G2}^{\lambda G1} i(\lambda) s(\lambda) f_G(\lambda) d\lambda \quad (1.2-4)$$
$$B = \int_{\lambda B2}^{\lambda B1} i(\lambda) s(\lambda) f_B(\lambda) d\lambda$$

式 1.2-4 中,$s(\lambda)$ 是光谱反射率;$i(\lambda)$ 是光源颜色的功率谱;$f_R(\lambda)$、$f_G(\lambda)$、$f_B(\lambda)$ 是相机对色光的光谱响应函数。

在通常情况下,图像是否清晰取决于色彩对比度,清晰的图像一般意味着对比度大。在对比度较小的时候,图像的特征不明显,画面显得灰蒙蒙。因此,如果想要获得高清晰度的图像特征,就需要找到合适的色彩对比度。所有光色都可以通过红、绿、蓝调和得到。因此,通过定义光的三原色红、绿、蓝的对比度,就可以得到色彩对比度的最大值。

$$\Delta = (\Delta_R(i_R, \lambda_R), \Delta_G(i_G, \lambda_G), \Delta(i_B, \lambda_B)) \quad (1.2-5)$$

其中,

$$\Delta_R(i_R, \lambda_R) = |R_1 - R_2| = i_R f_R \cdot |s_1(\lambda_R) - s_2(\lambda_R)|$$
$$\Delta_G(i_G, \lambda_G) = |G_1 - G_2| = i_G f_G \cdot |s_1(\lambda_G) - s_2(\lambda_G)|$$
$$\Delta_B(i_B, \lambda_B) = |B_1 - B_2| = i_B f_B \cdot |s_1(\lambda_B) - s_2(\lambda_B)|$$

要想得到 $|\Delta|$ 的最大值,即色彩对比度的最大值,可以通过分别最大化 Δ_R、Δ_G、Δ_B 得到。因为光谱响应函数 f_R 和光谱反射率 $s_R(\lambda)$ 已知,因此可以通过选择光源功率谱 i_R 得到 Δ_R 的最大值,从而得到 $|\Delta|$ 的最大值。定义

$$i_R(\lambda_R) = \frac{R_{\max}}{f_R(\lambda_R) \max\{S_1(\lambda_R), S_2(\lambda_R)\}} \quad (1.2-6)$$

其中,$R_{\max}$ 是成像系统可以得到的 R 的最大值,f_R 是成像系统对应红光的光谱,S_R 是测量物对红光的光谱反射率。通过上式得到 Δ_R,从而得到 $|\Delta|$ 的最大值。

(2) 光源中滤光镜的使用

图像特征的分辨率理论上取决于光源的功率谱分布,但在现实中,光源三色光的功率谱一

一般需要经过大量的实验验证，才能够找到合适的色彩对比度。因此，想要得到最佳分辨率的光源，可以使用滤光镜。

消除不相干光源干扰可以加快图像识别的处理速度。最常用的限制不相干光的装置是滤光镜。滤光镜通过滤除干扰光的方式，可以使偏振状态发生变化或者改变入射光的光谱强度，从而得到适合的色彩对比度。滤光镜提高图像对比度主要通过反射、透射、偏振、密度衰减和散射等方式。

各色滤光镜可以通过相邻色光的全部或部分，或与本身颜色相同的色光吸收补色光。影响滤光镜因数的因素一般有以下几点：

① 滤光镜密度，同一颜色的滤光镜密度越大，阻光率越大；
② 滤光镜色别率；
③ 被测物体感色度；
④ 光源性质。

通过以上分析可知，通过使用滤光镜，在减小成像畸变时，可以滤除干扰光，改变入射光的光谱强度，从而获得合适的色彩对比度。

4. 光源点亮的时机

对于部分光源，不要求一直提供照明，只在有需要的时候点亮即可，这些光源什么时候点亮一般由相机决定。

图 1.2-6 所示为 GFCOS 公司 AOD 系列相机和 AOS 系列相机的闪光同步出端示意图。输入和输出端使用光耦隔离，避免静电对管脚的干扰。

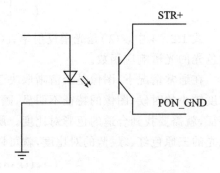

图 1.2-6 闪光同步输出端示意图

三、任务完成

相机在进行图像采集时，利用光源照射被观察对象，突出对象特征，便于镜头采集图像，进而为后面的图像分析、处理打下基础。

四、任务拓展

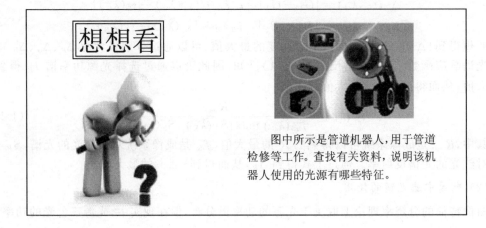

图中所示是管道机器人，用于管道检修等工作。查找有关资料，说明该机器人使用的光源有哪些特征。

五、任务小结

为了获得优质稳定的图像，必须从照明光源中选择最为合适的光源。一般要针对具体应用场合设计能获取优质稳定图像的照明光源。照明光源是当前机器视觉领域最为重要的研究课题之一。

任务三　图像传感器

如果图像信息要在电子系统中传输，并由计算机根据算法做出处理，就必须由光学影像转化为电子信息，在机器视觉系统中完成这一功能的是图像传感器。图像传感器对于物体成像的质量起着最为关键的作用。

一、任务提出

图 1.3-1　焊接机器人

如图 1.3-1 所示，在该系统中，被焊接物体的光学影像是使用哪类器件转换成电子信息的？该类器件有哪几种？

二、任务信息

图像传感器是一种功能器件，它通过光电器件的光电转换功能，将其感光面上的光像转换成与光像成相应比例关系的电信号"图像"。图像传感器主要分成两大类：CMOS 传感器及 CCD 传感器，下面详细介绍两类传感器。

1. CMOS 传感器

(1) 简 介

1960年,美国贝尔实验室提出固态成像器件概念后,固体图像传感器便得到了迅速发展,成为传感技术中的一个重要分支。它既是个人电脑、多媒体不可缺少的外设,又是监控中的核心器件。CMOS 图像传感器又叫互补金属氧化物半导体,与 CCD 图像传感器的研究几乎同时起步。由于受当时的工艺水平限制,CMOS 图像传感器具有图像质量差、分辨率低、信噪比较低及光照灵敏度不够等缺点,因而没有得到重视和发展。而 CCD 图像传感器由于有光照灵敏度高、噪声低等优点,一直主宰着图像传感器市场。随着集成电路设计技术和工艺水平的提高,CMOS 图像传感器过去存在的缺点都可以找到办法克服,而其固有的优点是 CCD 器件所无法比拟的,因而再次成为研究的热点。

20世纪80年代末,英国爱丁堡大学成功试制出了世界第一块单片 CMOS 型图像传感器件;1995年,像元数为128×128的高性能 CMOS 有源像素图像传感器由喷气推进实验室首先研制成功;1997年,英国爱丁堡大规模集成电路公司首次实现了 CMOS 图像传感器的商品化,就在这一年,实用 CMOS 技术的特征尺寸已达到 0.35mm;与此同时,东芝研制成功了光敏二极管型 APS,其像元尺寸为 5.6mm×5.6mm,具有彩色滤色膜和微透镜阵列;2000年,日本东芝公司和美国斯坦福大学采用 0.35mm 技术开发的 CMOS-APS 已成为开发超微型 CMOS 摄像机的主流产品。

(2) 技术原理

CCD 型和 CMOS 型固态图像传感器在光检测方面都利用了硅的光电效应原理,不同点在于像素光生电荷的读出方式。典型的 CMOS 像素阵列是一个二维可编址传感器阵列。传感器的每一列与一个位线相连,行允许线允许所选择的每一个行内敏感单元输出信号送入它所对应的位线上。如图 1.3-2 所示,位线末端是多路选择器,按照各列独立的列编址进行选择。根据像素的不同结构,CMOS 图像传感器可以分为无源像素被动式传感器(Passive Pixel Sensor,PPS)和有源像素主动式传感器(Active Pixel Sensor,APS)。根据光生电荷的产生方式不同,APS 又分为光敏二极管型、光栅型、对数响应型以及数字像素型。

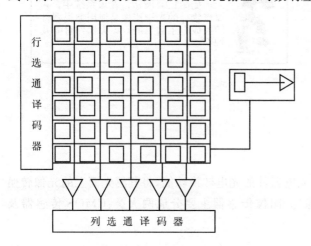

图 1.3-2 CMOS 传感器像素阵列

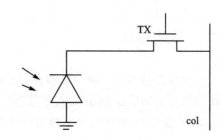

图 1.3-3 PPS 像素结构图

PPS 的出现使 CMOS 图像传感器走向实用化,其结构原理如图 1.3-3 所示。每一个像素包含一个光敏二极管和一个开关管 TX。当 TX 打开时,光敏二极管中由于光照产生的电荷传送到了列线,列线下端的积分放大器将该信号转化为电压输出。光敏二极管中产生的电荷与光信号成一定的比例关系。PPS 具有单元结构简单、寻址简单、填充系数高以及量子效率高等优点,但是其灵敏度低、读出噪声大,不利于向大型阵列发展,因此很快被 APS 代替。

光敏二极管像素单元是由光敏二极管、复位管 M4、源跟随器 M1、行选通开关管 M2 以及电荷溢出门管 M3 组成。M3 的作用是增加电路的灵敏度,用一个较小的电容就能够检测到整个光敏二极管的空穴扩散区所产生的全部光生电荷,它的栅极接约 1 V 的恒定电压,在分析器件工作原理时可以忽略,将其看成短路。电荷敏感扩散电容用于收集光生电荷。复位管 M4 对光敏二极管和电容复位,同时作为横向溢出门控制光生电荷的积累和转移。源跟随器 M1 用于实现对信号的放大和缓冲,改善 APS 的噪声问题。源跟随器还可加快总线电容的充放电,进而允许总线长度增加和像素规模增大。因此,APS 比 PPS 具有低读出噪声和高读出速率等优点,但其像素单元结构复杂,填充系数降低(填充系数一般只有 PPS 的 20%~30%)。它的工作过程是,首先进入"复位状态",M1 打开,对光敏二极管复位;然后进入"取样状态",M1 关闭,光照射到光敏二极管上产生光生载流子,并通过源跟随器 M2 放大输出;最后进入"读出状态",这时行选通管 M3 打开,信号通过列总线输出。

光栅型 APS 是由美国喷气推进实验室首先推出的,其像素单元和读出电路如图 1.3-4 所示。其中感光结构由光栅 PG 和传输门 TX 构成。光栅输出端为漂移扩散端 FD,它与光栅 PG 被传输门 TX 隔开。像素单元还包括一个复位晶体管 M1,一个源跟随器 M2 和一个行选通晶体管 M3。当光照射在像素单元时,在光栅 PG 处产生电荷;与此同时,复位管 M1 打开,对势阱复位;然后复位管关闭,行选通管 M3 打开,复位后的电信号由此通路被读出并暂存起来;之后传输门 TX 打开,光照产生的电信号通过势阱并被读出,前后两次的信号差就是真正的图像信号。

对数响应型 CMOS-APS 拥有很高的动态范围,其像素单元结构如图 1.3-5 所示。它由光敏二极管、负载管 M1、源跟随器 M2 和行选通管 M3 组成,负载管栅极是一恒定偏置电压,该像素单元输出信号与入射光信号成对数关系,它的工作特点是光线被连续地转化为信号电压,而不像一般 APS 那样存在复位和积分过程。但是,对数响应型 CMOS-APS 的一个致命缺陷就是对器件参数相当敏感,特别是阈值电压。

高速性是 CMOS 电路的固有特性,CMOS 图像传感器可以极快地驱动成像阵列的列总线,并且数字-模拟转换在片内工作具有极快的速率,对输出信号和外部接口干扰具有低敏感性,有利于与下一级处理器连接。CMOS 图像传感器还具有很强的灵活性,可以对局部像素图像进行随机访问。

(3) 问题及其解决途径

暗电流是 CMOS 图像传感器的难题之一。迄今为止,CMOS 成像器件均具有较大的像素尺寸,因此,在正常范围内也会产生一定的暗电流。通过改进 CMOS 工艺,压缩结面积可降低暗电流的发生率,也可通过提高帧速率来缩短暗电流的汇集时间,从而减弱暗电流的影响。

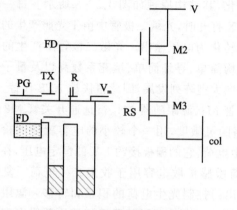
图 1.3-4 光栅型像素单元

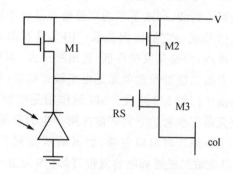
图 1.3-5 对数响应型像素单元

噪声的大小直接影响 CMOS 图像传感器对信号的采集和处理,因此,如何提高信噪比是 CMOS 图像传感器的关键技术之一。噪声主要包括散粒噪声、热噪声、非均匀噪声和固定图像噪声。其中散粒噪声和热噪声是由载流子引起的,非均匀噪声是由材料的缺陷和不均匀性引起的,固定图像噪声是因为工艺的误差使相邻输出信号的源跟随器不匹配引起的。采取以下措施可抑制噪声和提高灵敏度:

① 采用减少失调的独特电路,使用制造更加稳定的晶体管专用工艺;
② 每个像元内含一个对各种变化灵敏度相对较低的放大器;
③ 借鉴 CCD 图像传感器的制备技术,采用相关双取样电路技术和微透镜阵列技术;
④ 光敏二极管设计成针形结构或掩埋形结构。

为了提高 CMOS-APS 的填充系数,近几年国外开发的 CMOS-APS 均具有微透镜阵列结构,在整个 CMOS-APS 像元上放置一个微透镜将光集中到有效面积上,可以大幅度提高灵敏度和填充系数。

动态范围是反映图像传感器性能的主要指标之一,目前 CMOS 图像传感器的动态范围还稍逊于 CCD,虽然对数响应型 CMOS 图像传感器的动态范围可达 120dB,但同时也增加了图像噪声,影响了图像质量。提高动态范围的方法之一就是利用超高真空系统及专用集成电路薄膜技术,改进光电二极管的材料组合,提高低灰度部位的感光度,同时在像素电路的结构及驱动方法上进行改进,实现低灰度时自动转换到线形输出,高灰度时自动转换到对数压缩输出。

2. CCD 传感器

(1) 简 介

电荷耦合器件(Charge Couple Devices, CCD)是固态图像传感器的敏感器件,与普通的 MOS、TTL 等电路一样,属于一种集成电路,但 CCD 具有光电转换、信号储存、转移、输出、处理及电子快门等多种独特功能。

CCD 的基本原理是在一系列 MOS 电容器金属电极上,加以适当的脉冲电压,排斥掉半导体衬底内的多数载流子,形成"势阱"的运动,进而达到信号电荷的转移。如果所转移的信号电荷是由光像照射产生的,则 CCD 具备图像传感器的功能;若所转移的电荷是通过外界注入方式得到的,则 CCD 还可以具备延时、信号处理、数据存储以及逻辑运算等功能。

CCD 电荷的产生有两种方式:电压信号注入和光信号注入。作为图像传感器,CCD 接收的是光信号,即光信号注入法。当光信号照射到 CCD 硅片上时,其在栅极附近的耗尽区吸收光子产生电子与空穴对。这时在栅极电压的作用下,多数载流子(空穴)将流入衬底,而少数载流子(电子)则被收集在势阱中,形成信号电荷存储起来。这样高于半导体禁带宽度的那些光子,就能建立起正比于光强的存储电荷。

由多个 MOS 电容器排列而成的 CCD,在光像照射下产生光生载流子的信号电荷,再使其具备转移信号电荷的自扫描功能,即构成固态图像传感器。

图 1.3-6 所示为光导摄像管与固态图像传感器的基本原理比较。如图 1.3-6(a)所示,当入射光像信号照射到摄像管中间电极表面时,其上将产生与各点照射光量成比例的电位分布,若用电子束扫描中间电极,负载上会产生变化的放电电流。由于光量不同而使负载电流发生变化,正是所需的输出电信号。所用电子束的偏转或集束,是由磁场或电场控制实现的。

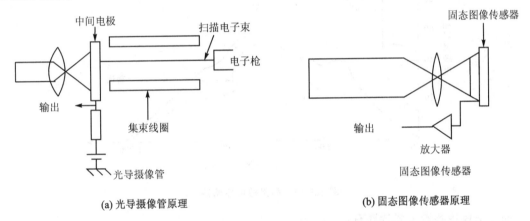

图 1.3-6 光导摄像管与固态图像传感器原理比较

如图 1.3-6(b)所示,固态图像传感器输出信号的产生无须外加扫描电子束,它可以直接由自扫描半导体衬底上诸像素获得。这样的输出电信号与其相应的像素的位置对应,无疑更准确,且再生图像失真度极小。光导摄像管等图像传感器,由于扫描电子束偏转畸变或聚焦变化等原因所引起的再生图像的失真,往往是很难避免的。

失真度极小的固态图像传感器,非常适合测试技术及图像识别技术。此外,固态图像传感器与摄像管相比,还具有体积小、重量轻、坚固耐用、抗冲击、耐震动、抗电磁干扰能力强以及耗电少等许多优点,并且固态图像传感器的成本也较低。

(2) 分类、结构及特性

根据使用途径不同,可将固态图像传感器分为线型和面型两类。根据所用的敏感器件不同,又可分为 CCD、MOS 线型传感器以及 CCD、MOS 面型传感器等。线型固态图像传感器主要用于测试、传真和光学文字识别技术等方面,面型固态图像传感器的发展方向主要用作磁带录像的小型照相机。本节主要介绍工程测试中常用到的线型固态图像传感器结构。

线型固态图像传感器的感光部件是光敏二极管线阵列,1 728 个 PD 作为感光像素位于传感器中央,两侧设置 CCD 转换寄存器,寄存器上面覆以遮光物。奇数号位 PD 的信号电荷移往下侧的转移寄存器;偶数号位则移往上侧的转移寄存器。由另外的信号驱动 CCD 转移寄存器把信号电荷经公共输出端从光敏二极管 PD 上依次读出。通常把感光部分的光敏二极管做成 MOS 形式,电极用多晶硅。多晶硅薄膜虽能透过光像,但它对蓝色光却有强烈的吸收作用,特别是以荧光灯作光源应用时,传感器的蓝光波谱响应将变得极差。为了改善这一情况,可在多晶硅电极上开设光窗。由于这种构造的传感器的光生信号电荷是在 MOS 电容器内生成、积蓄的,所以容量加大时,动态范围也因此大为扩展。

图 1.3-7 所示为线性固态图像传感器的光谱响应特性。图中虚线表示只用多晶硅电极而未开设光窗的 CCD 的传感器特性;实线表示开设光窗形成的 PD,即信号电荷在 MOS 容器内积蓄的 CCD 传感器特性。显然,后者的蓝色光谱响应特性得到明显提高和改善,所以称后者为高灵敏度线型固态图像传感器。

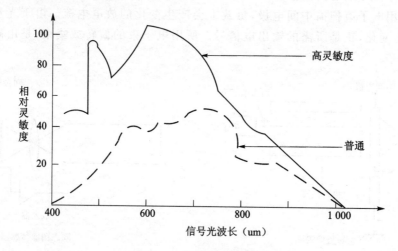

图 1.3-7 高灵敏度传感器

固态图像传感器主要特性有:

① 调制传递函数特性。固态图像传感器是由像素矩阵与相应转移部分组成的。其像素尽管已做得很小且间隔也很微小,但仍然是识别微小图像或再现图像细微部分的主要障碍。

② 输出饱和特性。当饱和曝光量以上的强光像照射到图像传感器上时,传感器的输出电压将出现饱和,这种现象称为输出饱和特性。产生输出饱和现象的根本原因是光敏二极管或 MOS 电容器仅能产生与积蓄一定极限的光生信号电荷。

③ 暗输出特性。暗输出又称无照输出,即无光像信号照射时,传感器仍有微小输出的特性,输出来源于暗(无照)电流。

④ 灵敏度。单位辐射照度产生的输出光电流表示固态图像传感器的灵敏度,它主要与固态图像传感器的像元大小有关。

⑤ 弥散。饱和曝光量以上的过亮光像会在像素内产生与积蓄起过饱和信号电荷,这时,过饱和电荷便会从一个像素的势阱经过衬底扩散到相邻像素的势阱。因此,再生图像上不应该呈现某种亮度的地方反而呈现出亮度,这种情况称为弥散现象。

⑥ 残像。对某像素扫描并读出其信号电荷之后,下一次扫描后读出信号仍受上次遗留信号电荷影响的现象叫残像。

⑦ 等效噪声曝光量。产生与暗输出（电压）等值时的曝光量称为传感器的等效噪声曝光量。

3. 常见相机的传感器参数

下面以 GFOCUS 公司的 AOS 系列相机为例，介绍工业相机使用的传感器参数。表 1.3-1 所列为 GFOCUS 工业黑白相机规范。

表 1.3-1 GFOCUS 工业黑白相机规范

规 范	GC-S1280M-A	GC-S2500M-A	GC-SL2500M
传感器类型	1/3inch CMOS	1/2.5inch CMOS	2500-pixel CCD
传感器属性	6mm 对角线，3.75×3.75μm 平方像素	7.13mm 对角线，2.2×2.2μm 平方像素	13.13mm 长度，5.25×64μm 平方像素
分辨率	1 280×960	2 592×1 944	2 500
满幅最大帧率	54	14	800

三、任务完成

焊接机器人使用图像传感器，将其感光面上的光像转换为与光像成相应比例关系的电信号。图像传感器主要分成两大类：CMOS 传感器和 CCD 传感器。

四、任务拓展

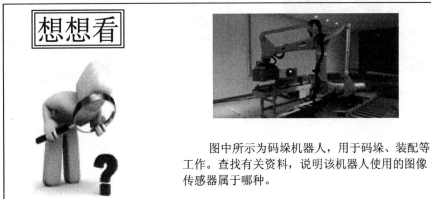

图中所示为码垛机器人，用于码垛、装配等工作。查找有关资料，说明该机器人使用的图像传感器属于哪种。

五、任务小结

CCD图像传感器特点是高解析度、低噪声、高敏感度和动态范围广；而CMOS图像传感器虽然在以上特点上略逊于CCD传感器，但因为速度快等优点，日益成为当前的研究热点。CMOS体积小，耗电量不到CCD的1/10，售价便宜。两者各有所长。

任务四　图像采集卡

有了镜头、光源和工业相机,就能将物体的光学影像转换为电子图像,交由图像处理部分进行后续处理(典型图像处理平台如个人电脑等)。但是因为图像信号的传输需要很高的传输速度,而通用的传输接口不能满足这种要求,所以需要图像采集卡作为图像采集部分和图像处理部分的桥梁。

一、 任务提出

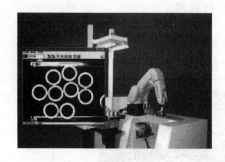

图 1.4－1　关节型机器人

如图1.4-1所示，在该系统中，关节型机器人末端安装摄像机，使工件能完全出现在摄像机的图像中。那么是什么装置把摄像机的图像传输到电脑中显示呢？选择这类装置应该注意哪些问题呢？

二、 任务信息

1. 图像采集卡

图像采集卡作为图像采集部分和处理部分之间的接口,在硬件上可以理解为照相机与计算机之间的接口。图像经过采样、量化以后转换为数字图像。数字图像输入、储存到帧存储器的过程,叫做采集、数字化。

2. 视频基础

当对视频信号进行图像获取时,应该知道所使用的是哪一种视频信号。

(1) 信号种类与视频格式

视频信号有许多信号源,具体包括:可携式摄像机、视频相机、电视广播、录像机、扫描电子显微镜、X 射线设备、CT 扫描器等。这些信号源有的提供复合视频信号,即信号中包含视频数据及时钟信息,有的提供非标准视频信号,即其视频和时钟有多种不同的格式。

本书主要讨论标准格式,标准复合视频信号有以下几种格式。

① rs-170。这种格式主要用于北美和日本,是一种黑白复合视频信号。空间分辨率是 640×480,工作频率为 60hz,即 30 帧/秒。

② ntsc/rs-330。这种格式主要用于北美和日本。该视频信号除了增加了色彩信息以外,其他方面和 rs-170 保持一致。该信号类型在 20 世纪 50 年代曾被国家电视系统委员会定为国家标准。

③ ccir。这种复合信号最先用于北欧,是根据国际射线顾问委员会而命名。这种黑白视频信号的空间分辨率是 768×576,工作频率为 50hz,即 25 帧/秒。

④ pal。pal 是其使用的一种技术 phase alteration line 的缩写。这种格式用于北欧。其视频信号除增加了色彩信息以外,其他方面和 ccir 保持一致。

⑤ secam。这种格式用于法国、俄罗斯等,参数与 pal 一致。

⑥ 非标准视频信号。非标准视频信号是没有固定空间分辨率、信号时钟以及信号特征的一类信号的统称。当确定这些参数时,需要查阅信号源所提供的技术文档。

(2) 空间分辨率

空间分辨率主要规定了一幅图像的行与列的元素数。行定义的是图像的长度,使用线数来描述;列定义的是图像的宽度,使用像素数来描述。对于标准的 rs-170/ntsc 图像,它的空间分辨率是 640×480;对于标准的 ccir/pal 图像,它的空间分辨率是 768×576。

根据信号源或所使用相机的不同,空间分辨率可以从 256×256 一直到 4096×4096 甚至更高。因为空间分辨率直接影响图像的大小,大多数应用只使用符合要求的分辨率。快速的图像传输和处理对于工业检测应用而言非常重要,它的图像的空间分辨率一般为 512×512。对于一些需要更高的空间分辨率的应用,如高精度标定和测量等,就会使用 1024×1024 或者更高的分辨率。

(3) 宽高比

宽高比指单个像素的宽度与高度之间的比。一般需要的宽高比是 1:1,也就是像素的宽与高相等。一些相机和采集卡或输入信号源并不能产生或者把视频数据转化成方形像素,从而经常会致使图像成为矩形或胚珠形。

宽高比对很多处理过程都非常重要。如通过用一个区域内的像素个数来确定它的面积,假如它的宽高比不是 1:1,那么必须在图像处理时加以必要的补偿或软件校正。

(4) 亮度分辨率

当视频数据产生或转化时,还必须确定它的亮度分辨率(或称为数字深度分辨率)。亮度分辨率定义的是一幅图像中颜色的个数或梯度。这些梯度主要指的是颜色的个数(对于彩色图像)或灰度级(对于单色图像)。对于一幅标准 rs—170 的图像,它的亮度分辨率是 8 比特或 256 灰度级。

常用的分辨率一般是 8 比特(256 灰度级)、10 比特(1024 灰度级)、16 比特(65536 灰度级)或者更高。图像的数据量会随着亮度分辨率而增加。如一幅标准的 rs—170 图像大约为 307kb,而相同空间分辨率的一幅 16bit 的图像约为 614kb,而 24bit 时约为 922kb。

(5) 隔行与非隔行格式

视频信号里面包含若干行像素。水平同步脉冲用来将行与行之间分开。所有的复合视频信号源,包括 ccir/pal、rs—170/ntsc 以及非标准信号源使用隔行的方式传送数据。隔行的含义是指使用两个称为"场"的独立部分用于传送视频数据。奇数行的场先传送,偶数行的场然后传送。包含奇数场与偶数场的一幅完整图像称为帧。

每个场被顺序显示时,人们会感觉每帧是用正常速度的 2 倍来显示。场同步信号决定了一场什么时候结束,一场什么时候开始。

在显示一些类型的图像如细线或图形时,隔行格式将会导致图像闪烁。

一些非标准的视频信号源用非隔行的格式来传送数据。这种过程又被称为逐行扫描。非隔行格式是使用一场来传送视频信号中的所有行,即奇数与偶数行。

需要注意的是,当被观察物体处于运动状态时,一般选用逐行扫描更适合。这是因为隔行方式一般因为两场不能对齐的原因,将会引起频率混淆或模糊。

(6) 帧 频

帧频的含义是指传送或显示帧的速度,通常用每秒帧数(frame per second,fps)来表示。rs170/ntsc 图像的帧频一般是 30fps,ccir/pal 的帧频一般是 25fps。帧频低于这个数字时将会产生跳动的效果,就如同老式电影中所看到的效果一样。

3. 采集卡基本原理

采集卡有多种规格、种类。尽管设计和特性不同,但是大多数采集卡的基本原理都相同。本节将以基于 PCI 总线的模拟图像采集卡为例加以说明。

近几年来,数字视频产品取得了长足发展。数字视频产品一般需要对动态的图像进行实时采集和处理,因此产品性能受图像采集卡的性能影响较大。早期的图像采集卡以帧存为核心,在处理图像时需要读写帧存,并且对于动态画面还需要"冻结"图像,但是因为数据传输速率的限制,所以图像处理速度比较缓慢。90 年代初,英特尔公司提出了外设器件互联(Peripheral Component Interconnect,PCI)局部总线规范。PCI 总线数据位宽是 32 或 64 比特,系统设备可以直接或间接地连接在它上面。设备之间可以使用局部总线完成数据快速传送,进而较好地解决了数据传输的瓶颈问题。

PCI 总线的高速优势使模拟数字转换(Analog/Digital,A/D)以后的数字视频信号只需要通过一个简单的缓存器就可以直接存储到计算机内存,由计算机进行图像处理;也可以把采集到内存的数字图像信号传送到计算机显示卡显示;甚至可将 A/D 输出的数字视频信号经 PCI 总线直接送到显示卡,在计算机终端上实时显示活动图像。将图像卡插在计算机的 PCI 插槽中,与计算机内存、CPU、显示卡等之间形成数据传送。A/D转换过程如图1.4-2所示。

图 1.4-2 A/D 转换过程

由于 PCI 总线的上述优点,许多图像板卡公司陆续推出了基于 PCI 总线的图像采集卡。

4. 图像采集卡相关技术

(1) dma

dma 是一种总线控制方式,它可以取代中央处理器对总线的控制,在数据传输时根据数据源、目的逻辑地址和物理地址映射关系,完成对数据的存取,这样可以大大减轻数据传输对中央处理器造成的负担。

(2) scatter/gather table

scatter/gather table 实际上就是一张供 dma 传输时使用的逻辑地址与物理地址的动态映射表。根据不同的板卡设计,这张表可直接位于采集卡的某个 buffer 模块内,称为硬件式的 scatter/gather,它在 PCI 传输时的最高速度可达 120m/s。scatter/gather table 也可位于主机的某段内存中,称为软件式的 scatter/gather,传输的最高速度一般为 80bps。大部分个人电脑系列采集卡都属于硬件式的 scatter/gather。

(3) lut(look-up table)

对于图像采集卡来说,lut 实际上就是一张像素灰度值的映射表,它将实际采样到的像素灰度值经过一定的变换,如阈值、反转、二值化、对比度调整、线性变换等,变成了另外一个与之对应的灰度值。这样可以起到突出图像有用信息、增强图像光对比度的作用。具体在 lut 里进行什么样的变换是由软件来定义的。

(4) planar convertor

planar convertor 能从以 4 位表示的彩色像素值中将红、绿、蓝分量提取出来,然后在 PCI 传输时分别送到主机内存中三个独立的缓存中,这样可以方便在后续处理中对彩色信息的存取。在有些采集卡中,它也可用于在三个黑白相机同步采集时,将它们各自的像素值存于主机中三个独立的缓存中。

(5) decimation

decimation 是对原始图像进行子采样,如每隔 2、4、8、16 行(列)取一行(列)组成新的图像。decimation 可以大大减小原始图像的数据量,同时也降低了分辨率。

(6) pwg

pwg 指在获取的相机原始图像上开一个感兴趣的窗口,每次只存储和显示该窗口的内容,这样也可以在一定程度上减少数据量,但不会降低分辨率。

一般采集卡都有专门的寄存器存放有关窗口大小、起始点和终点坐标的有关数据,这些数据都可通过软件设置。个人电脑系列卡的窗口可以在很大范围内变化,如可以达到达 64k×

64k,最小可为 1k×1k。

(7) resequencing

resequencing 是一种对多通道或不同数据扫描方式的相机所输出数据的重组能力,即将来自 CCD 靶面不同区域或象素点的数据重新组合成一幅完整的图像。

(8) non-destructive overlay

overlay 是指在视频数据显示窗口上覆盖的图形,如弹出式菜单、对话框等,或字符等非视频数据。non-destructive overlay,即"非破坏性覆盖",是相对于"破坏性覆盖"来说的。"破坏性覆盖"指显示窗口中的视频信息和覆盖信息被存放于显存中的同一段存储空间内,而"非破坏性覆盖"指视频信息与覆盖信息分别存放于显存中两段不同的存储空间中,显示窗口中所显示的信息是这两段地址空间中所存数据的迭加。如果采用"破坏性覆盖",显存中的覆盖信息是靠中央处理器来刷新的,这样既占中央处理器时间,又会在实时显示时由于不同步而带来闪烁,如果采用"非破坏性覆盖"则可消除这些不利因素。

(9) pll、xtal 和 vscan

它们是模拟采集卡的三种不同工作模式。

① pll(phase lock loop)模式:相机向采集卡提供数字-模拟转换的时钟信号,此时钟信号来自于相机输出的图像信号;

② xtal 模式:图像采集卡给相机提供时钟信号,并用提供的时钟信号作为数字-模拟转换的时钟;

③ vscan 模式:由相机向图像采集卡提供像素始终信号、行同步信号和场同步信号。

5. 选择采集卡要考虑的重点

(1) 接口制式,数据格式

接口制式包括两种,一是数字接口制式,如 CamerLink、LVDS、RS422 等;二是模拟接口制式,如 pal、ntsc、ccir、rs170/eia 等。接口制式一定与视觉系统所选用的相机一致。如选用数字制式还必须考虑相机的数字位数。

LVDS 传输示意图如图 1.4-3 所示。使用的接口线如图 1.4-4 所示。
CamerLink 接口如图 1.4-5 所示。USB 接口线如图 1.4-6 所示。

图 1.4-3　LVDS 传输示意图　　　　　图 1.4-4　LVDS 接口线

图 1.4-5　CamerLink 接口

图 1.4-6　USB 接口线

（2）模拟采集卡要考虑数字化精度

模拟采集卡如图 1.4-7 所示。模拟采集卡的数字化精度主要包括两个方面：

① 像素抖动：像素抖动是由图像采集卡 A/D 转换器采样时钟误差产生的，造成像元位置上的微小的错误，最终导致对距离测量的错误。

② 灰度噪音：图像采集卡的数字化转换过程包括对模拟视频信号的放大和对其亮度即灰度值进行测量，在此过程中会有一定的噪声和动态波动由图像采集卡的电路产生。

与像素抖动一样，灰度噪声将导致对距离测量的错误。典型的灰度噪声为 0.7 个灰度单元，表示为 0.7lsb。

（3）数字采集卡要考虑数据率大小

数字采集卡如图 1.4-8 所示。数字采集卡的数据率是否满足系统的要求可按下列公式计算：

data rate(grabber)＞1.2×data rate(camera)

data rate(camera) ＝r×f×d/8

式中 data rate(grabber)为采集卡的数据率，data rate(camera)为相机的数据率，r 为相机的分辨率，f 为相机的帧频，d 为相机的数字深度（或称灰度级）。

图 1.4-7　模拟采集卡

图 1.4-8　数字采集卡

(4) 存储空间大小及 PCI 总线的传输速率

PCI 总线可支持 bus master 设备以 132Mbps 的突发速率传输数据,而其平均持续数据传输率一般在 50～90Mbps。

来自相机的数据总是以一个固定的速率传输的。如果 PCI 总线可以维持大于视频数据率的平均持续数据传输率,问题看起来就解决了。然而实际上并不是这么简单,PCI 总线设备只能以突发的方式向总线传输数据。图像采集卡必须将所有突发之间的连续的图像数据保存起来,解决的方法就是采用板卡上存储技术。有些厂家出于经济方面的考虑去除了存储设备而采用数据缓存队列,数据缓存队列的大小一般以足以保存一行图像数据为限。然而,当图像数据的速率大于 PCI 总线的持续数据传输率时,数据缓存队列就不起作用了。

(5) 相机控制信号及外触发信号

使图像采集卡的时序电路与外部视频信号的时序电路同步,需要采用锁相环电路或数字时钟同步电路。

① 外触发:由外部事件启动采集的过程。

② 同步触发:不改变相机与板卡之间的同步关系,采集从下一个场有效信号开始。

③ 异步触发:改变相机与板卡的同步关系,采集从相机复位后的第一个场有效信号开始。当视觉系统要对运动中目标进行检测时,相机和采集卡必须要具备异步触发的功能。

(6) 硬件系统的可靠性

硬件的可靠性在生产系统中是十分重要的,由设备故障而停产造成的损失远远大于设备本身。很多板卡厂家并没有标明如平均无故障时间等可靠性指标。

这里有两个经验性的技巧用以评估不同板卡的可靠性,即功耗和板上器件的数量。

优先选择具有更低功耗的采集卡。在其他条件都同等的情况下,一块复杂的具有更多器件的板卡会比器件较少的卡耗散更多的热量。好的设计会采用更多的专用集成电路和可编程器件以减少电子器件的数量,达到更高的性能。还可以选择具有更少无用功能的板卡。

过压保护是可靠性的一个重要指标。接近高压会在视频电缆产生很强的电涌,在视频输入端和输入/输出口加过压保护电路可保护采集卡不会被工业环境电磁干扰会产生的高压击穿。

(7) 支持软件的功能

采集卡的厂商多是把其采集卡和专用图像处理软件捆绑销售的,因此在选择采集卡的同时还必须考虑此视觉系统要选用的软件与采集卡是否兼容。

6. 图像采集卡的显示软件

一般图像采集卡都需要配套的上位机显示软件,用以设置图像采集卡参数、显示图像等。本小节以 GFOCUS 公司的显示软件 Gvision 为例说明显示软件的使用。

(1) 连接相机

在触摸屏幕上选择 ▨,图标状态变成 ▨,连接成功后如图 1.4-9 所示。

(2) 检测类型选择

在触摸屏幕上选择 ◉,出现检测类型选择界面,如图 1.4-10 所示。其中,Outline Detec-

图 1.4-9　Gvision 连接成功图

tion 是轮廓检测;Color Detection 是颜色检测;Character Detection 是字符检测。其中字符和颜色可以一同检测。

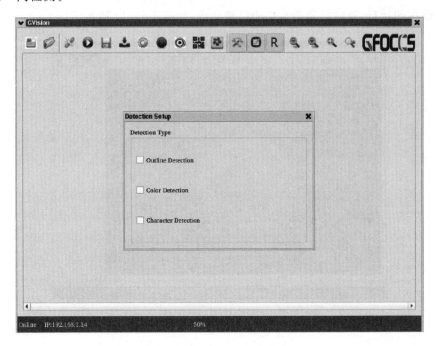

图 1.4-10　检测类型选择界面

(3) Video 模式开启

连接相机成功后,选择后出现如图 1.4-11 所示的设置界面,选择 Video Mode Apply,设置成功。

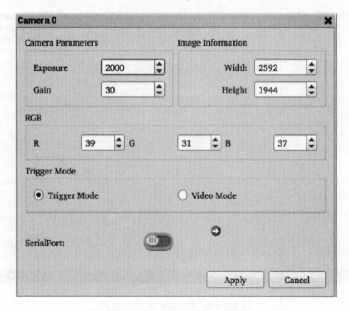

图 1.4-11　Video 模式界面

（4）运　行

点击 ▶ 按钮运行，这时屏幕会有检测结果显示，如图 1.4-12 所示。

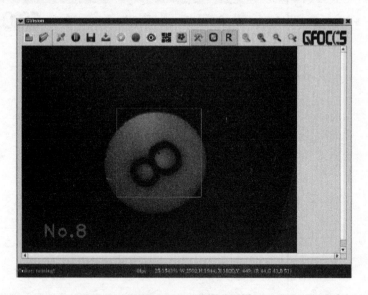

图 1.4-12　检测界面

三、任务完成

关节型机器人通过图像采集卡将摄像机采集的图像传递给计算机显示。在选择图像采集卡时，应该从接口制式及数据格式、模拟采集卡的数字化精度、数字采集卡的数据率大小、存储空间大小及 PCI 总线的传输速率、相机控制信号及外触发信号、硬件系统的可靠性以及支持软件的功能等 7 个方面综合考量,选择出符合系统需求的图像采集卡。

四、任务拓展

图中所示为双工位的 CNC 取料机器人,用于取料、检测等工作。查找有关资料,说明该机器人使用的图像采集卡有哪些特点。

五、任务小结

随着机器视觉技术的不断发展,采集卡的技术也在不断加强,功能也在不断更新。如何选择适合视觉系统的采集卡对于一个视觉系统能否正常运行将起到关键作用。

六、思考与练习

① 镜头的参数包括哪些?
② 135 相机按照焦距分类可以分成几类?每类的名称是什么?
③ 结合本章内容,说明选择镜头需要注意哪些事项?
④ 各种可见光的特性是什么?
⑤ 前向照明、后向照明、结构光照明分别适用于哪些场景?
⑥ 影响滤光镜因数的因素有哪些?分别是什么?
⑦ CMOS 图像传感器抑制噪声并提高灵敏的方法包括哪些?
⑧ CCD 图像传感器的主要特性有哪些?
⑨ 什么是空间分辨率?常见的空间分辨率有哪些?

项目二　图像处理单元

上一章介绍了图像采集单元。通过图像采集单元，可以将实际的光学图像转换成数字信息。这些数字信息投放到显示器上就成了电子图像。那么一个完整的机器视觉系统除了图像采集单元还需要哪些功能单元呢？

(a) 原始图像　　　　　　(b) 处理后的图像

图 2.0-1　城市拍摄图像

如图 2.0-1(a)所示，是图像采集单元采集的原始数据。因为光线、浮尘等环境原因，拍摄的图像效果并不尽如人意。而图像 2.0-1(b)是在原始图像经过图像处理后的图像，显示效果显然更加令人满意。

事实上，大多数原始采集的图像数据因为各种各样的原因都很难直接使用。所以，一个完整的机器视觉系统，除了第一章介绍的图像采集单元，还需要图像处理单元，或者叫做数字图像处理。

数字图像处理是将图像信号转换成数字信号，利用计算机对它进行处理的过程。数字图像处理早在 20 世纪 50 年代就已出现，这是因为当时的计算机已经发展到一定水平，所以人们开始谋求使用计算机来处理图形和图像的信息。20 世纪 60 年代初，数字图像处理作为一门学科开始形成。在初期，图像处理的目的是用于改善图像的质量，具体来说是以改善人类的视觉效果为最终目的。图像处理时，输入信号是低质量的图像，输出信号是改善质量后的图像。一般较常用的图像处理方法包括图像增强、复原、压缩、编码等。美国喷气推进实验室首次获得图像处理实际成功应用。该实验室对在 1964 年由航天探测器徘徊者 7 号发回的数千张月球照片使用了图像处理技术，这些图像处理技术使用灰度变换、去除噪声、几何校正等方法进行处理,考虑了月球环境和太阳位置的影响因素,使用计算机成功地绘制出月球表面的地图,从而获得了巨大的成功。此后又对探测飞船发回的九万余张照片进行了更为复杂的图像处理,获得了月球的彩色图、地形图以及全景镶嵌图,从而获得了更加非凡的成果,为人类之后的登月奠定了坚实的基础,也直接推动了数字图像处理作为一门学科的诞生。在随后的其他宇航空间技术,如对土星、火星等星球的研究探测中,数字图像处理均发挥了巨大作用。

同时,图像处理技术在许多其他应用领域受到广泛重视,取得了重大成就。在工程和工业领域,图像处理技术有着非常广泛的应用,如自动装配线上检测零件的质量以及对零件进行分类等,检查印刷电路板瑕疵,对弹性力学照片的应力分析,对流体力学图片的升力和阻力分析,对邮政信件的自动分拣,还有在一些放射性、有毒环境内识别物体及工件的形状和排列状态等。尤其值得一提的是,已经研制的某些智能机器人具备触觉、听觉和视觉功能,给工业生产和农业生产带来了新的激励,目前就已在工业生产中的装配、喷漆、焊接中得到有效的利用。

下面就按照图像处理的各个组成模块详细展开本单元。

任务一　图像增强

当图像需要按特定的需求突出某些信息时,该如何做呢?

一、任务提出

图 2.1-1　图像增强效果图

如图2.1-1所示,当您看到这两幅图像时,您觉得哪幅图像看起来边缘更加清晰呢?通过哪些技术可以达到上述目的?

二、任务信息

1. 什么是图像增强技术

图像增强属于图像处理的基本内容之一,它是一种处理方法,是按特定的需要削弱或去除某些不需要的信息,突出一幅图像中的"有用"信息,从而扩大图像中不同物体特征之间的差别。图像增强的目的是使处理后的图像对应某种特定的应用,可以比原始图像更合适。它的处理结果使得图像更适应于机器的识别系统或人的视觉特性。因为应用的要求和目的不同,所以"有用"的标准和含义也不完全相同。

需要注意的是,图像增强无法增加原始图像的信息,而是通过某一种技术手段有选择地突出对于某一个具体应用有价值的信息。即图像增强以压缩其他信息为代价,只是通过突出某些信息才达到增强对这些信息辨识能力的目的。图像的增强处理并不是一种无损的处理。例如,低通滤波法是图像平滑处理算法中经常采用的算法,虽然它消除了图像里面的噪声,但是却削弱了图像的空间纹理特性,从而导致图像在整体上看起来比较模糊。本次任务围绕图像增强技术的方法和原理,首先介绍数字图像噪声及其产生的原因、图像增强处理方法分类,然后介绍图像空间域变换增强方法,最后总结图像增强技术的现状与应用。

2. 图像噪声

对于数字图像处理,噪声指图像中非本源的信息,它是图像中妨碍人们接收信息的因素。

那么为什么会产生图像噪声呢?这是因为大多数数字图像系统中,输入光图像都是通过扫描方式将多维图像变成一维电信号,再对其进行存储、处理和传输等,最后形成多维图像信号。在这一系列复杂过程中,图像数字化设备、电气系统和外界影响使图像噪声的产生不可避免。

按照图像噪声产生的原因,图像噪声可分为外部噪声和内部噪声。

外部噪声指系统外部干扰以电磁波或经电源串进系统内部而引起的噪声,如外部电气设备产生的电磁波干扰、天体放电产生的脉冲干扰等。

内部噪声由系统电气设备内部引起,如内部电路的相互干扰。内部噪声一般又可分为以下四种:

① 由光和电的基本性质所引起的噪声;
② 电器的机械运动产生的噪声;
③ 器材材料本身引起的噪声;
④ 系统内部设备电路所引起的噪声。

需要注意的是,噪声分类方法不是绝对的,按不同的性质有不同的分类方法。

图像噪声使得图像模糊,甚至淹没图像特征,给分析带来困难。改善被噪声污染的图像质量的方法之一是不考虑图像噪声的原因,对图像中某些部分加以处理或突出有用的图像特征信息,改善后的图像并不一定与原图像信息完全一致。这一类称之为图像增强技术,其主要目的是提高图像的可辨识性。

3. 图像增强处理分类

图像增强技术根据其处理过程所在的空间不同，可分为基于空间域的增强方法和基于频率域的增强方法两大类。第一类方法是直接在图像所在的空间进行处理，也就是在像素组成的二维空间里直接对像素进行操作；第二类方法是在图像的变化域对图像进行间接处理。

此外，图像增强技术按所处理对象的不同还可分为灰度图像增强和彩色图像增强；按增强的目的还可分为光谱信息增强、空间纹理信息增强和时间信息增强。通常情况下，如果没有特别说明，则一般指对灰度图像的增强。

（1）空域增强法

基于空间域的增强方法直接在图像所在二维空间进行处理，即直接对每一像素点的灰度值进行处理。根据所采用的技术不同又可分为灰度变换和空域滤波两种方法。

灰度变换的原理就是通过改变灰度的动态范围，达到增强图像灰度级细节部分的方法。一般的变换函数包括线性变换、非线性变换、分段线性变换。具体函数的选择与图像的成像系统和相应的应用场合有关。直方图均衡化是空域图像增强中应用最广泛的一种方法，其基本原理是使处理后的图像灰度级近似均匀分布，来达到图像增强效果，但由于其变换函数采用的是累积分布函数，因此它产出的近似均匀直方图都很相似，这必然限制了它的功能。为了适应图像的局部特性，基于局部变换的图像增强方法应运而生，如局部直方图均衡化、对比度受限自适应直方图均衡化、利用局部统计特性的噪声去除方法。这些方法对图像细节部分的增强均有很好的效果，但均有一个共同的缺点，算法运算量较大及图像处理时间相对较长，因此这些算法不能适用于实时处理系统中。近年来，一类基于直方图分割的算法受到大家的广泛关注，该算法处理图像的侧重点在于处理后的图像的亮度保持上，使处理后的图像更适合人眼观察，但该方法应用到低照度图像增强上，对图像整体亮度的提高效果不明显。

空域滤波是基于邻域处理的增强方法，它应用某一模板对每个像素点与其周围邻域的所有像素点进行某种确定的数学运算得到该像素点新的灰度值，输出值的大小不仅与该像素点的灰度值有关，而且还与其邻域内的像素点的灰度值有关，通常的图像平滑滤波和锐化滤波技术就属于空域滤波的范畴。

（2）频域增强法

频率域增强是将原空间的图像以某种形式转换到其他空间，然后利用该转换空间的特有性质方便地进行图像处理，最后再转换回原空间中，从而得到处理后的图像。通常包括低通、高通、带通和带阻四种典型的滤波器结构。

4. 空间域变换增强方法

根据图像增强处理过程所在的空间不同，图像增强可分为空域增强法和频域增强法两大类。频域增强是在图像的某种变换域内，对图像的变换系数值进行运算，即作某种修正，然后通过逆变换获得增强了的图像。空域增强则是指直接在图像所在的二维空间进行增强处理，即增强构成图像的像素。空域增强法主要有灰度变换增强、直方图增强、图像平滑和图像锐化等。

图像的灰度变换处理是图像增强处理技术中一种非常基础、直接的空间域图像处理法，也是图像数字化软件和图像显示软件的一个重要组成部分。灰度变换是指根据某种目标条件,按一定变换关系逐点改变原图像中每一个像素灰度值的方法。其目的是为了改善画质,使图像的显示效果更加清晰。

(1) 灰度变换

灰度变换可使图像动态范围增大,对比度得到扩展,使图像清晰、特征明显,是图像增强的重要手段之一。它主要利用点运算来修正像素灰度,由输入像素点的灰度值确定相应输出点的灰度值,是一种基于图像变换的操作。灰度变换不改变图像内的空间关系,除了灰度级的改变是根据某种特定的灰度变换函数进行之外,可以看作是"从像素到像素"的复制操作。

在图像处理中,空域是指由像素组成的空间。空域增强方法是直接对图像中的像素进行处理,从根本上说是以图像的灰度映射变换为基础的,所用的映射变换类型取决于增强的目的。空域增强方法可表示为:

$$g(x,y) = T[f(x,y)] \quad (2.1-1)$$

其中 $f(x,y)$ 是输入图像,$g(x,y)$ 是处理后的图像,T 是对 $f(x,y)$ 的一种操作,其定义在 $f(x,y)$ 的邻域。另外,还能对输入图像集进行操作,如为了增强整幅图像的亮度而对图像进行逐个像素的操作。

灰度变换包含的方法很多,如逆反处理、阈值变换、灰度拉伸、灰度切分、灰度级修正、动态范围调整等。虽然它们对图像的处理效果不同,但处理过程中都运用了点运算,通常可分为线性变换、分段线性变换、非线性变换。

1) 线性变化

简单的线性灰度变换法可以表示为:

$$g(x,y) = \frac{d-c}{b-a}[f(x,y)-a] + c \quad (2.1-2)$$

其中:b 和 a 分别是输入图像亮度分量的最大值和最小值,d 和 c 分别是输出图像亮度分量的最大值和最小值。经过线性灰度变化法,图像亮度分量的线性范围从[a,b]变化到[c,d],如图 2.1-2 所示。

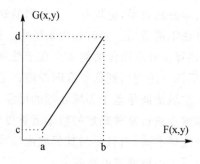

图 2.1-2 线性变换

若图像中大部分像素的灰度级分布在区间内,M_f 为原图的最大灰度级,只有很小一部分的灰度级超过了此区间,则为了改善增强效果,可以令:

$$g(x,y) = \begin{cases} c & 0 \leqslant f(x,y) \leqslant a \\ \frac{d-c}{b-a}[f(x,y)-a] + c & a \leqslant f(x,y) \leqslant b \\ d & b \leqslant f(x,y) \leqslant M_f \end{cases} \quad (2.1-3)$$

由于人眼对灰度级别的分辨能力有限,只有当相邻像素的灰度值相差到一定程度时才能被辨别出来。通过上述变换,图像中相邻像素灰度的差值增加,例如在曝光不足或过度的情况下,图像的灰度可能会局限在一个很小的范围内,这时得到的图像可能是一个模糊不清、似乎没有灰度层次的图像。采用线性变换对图像中每一个像素灰度作线性拉伸,将有效改善图像视觉效果。线性变换效果如图 2.1-3 所示。

图 2.1 – 3　线性变换效果图

为了突出图像中感兴趣的目标或灰度区间,相对抑制那些不感兴趣的灰度区间,可采用分段线性变换,它将图像灰度区间分成两段乃至多段分别作线性变换。进行变换时,把 0～255 整个灰度值区间分为若干线段,每一个直线段都对应一个局部的线性变换关系。常用的三段线性变换如图 2.1 – 4 所示,其数学表达式如式 (2.1 – 4)所示。

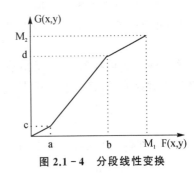

图 2.1 – 4　分段线性变换

$$g(x,y)=\begin{cases}\dfrac{c}{a}f(x,y) & 0\leqslant f(x,y)\leqslant a\\[4pt] \dfrac{d-c}{b-a}[f(x,y)-a]+c & a\leqslant f(x,y)\leqslant b\\[4pt] \dfrac{M_g-d}{M_f-b}[f(x,y)-b]+d & b\leqslant f(x,y)\leqslant M_f\end{cases} \quad (2.1-4)$$

通过细心调节节点的位置及控制分段直线的斜率,可对任一灰度区间尽行拉伸或压缩。分段线性变换可以根据用户的需要,拉伸特征物体的灰度细节,虽然其他灰度区间对应的细节信息有所损失,这对于识别目标来说没有什么影响。下面对一些特殊的情况进行了分析。设

$$k_1=c/a \quad (2.1-5)$$
$$k_2=(d-c)/(b-a) \quad (2.1-6)$$
$$k_3=(M_g-d)/(M_f-b) \quad (2.1-7)$$

即它们分别为对应直线段的斜率。

当 $k_1=k_3=0$ 时,如图 2.1 – 5(a)所示,表示对于[a,b]以外的原图灰度不感兴趣,均设为 0,而处与[a,b]之间的原图灰度,则均匀的变换成新图灰度。

当 $k_1=k_2=k_3=0$,但 $c=d$ 时,如图 2.1 – 5(b)所示,表示只对[a,b]间的灰度感兴趣,且均为同样的白色,其余变黑,此图样对应变成二值图。这种操作又称为灰度级(或窗口)切片。

当 $k_1=k_3=1,c=d=M_g$ 时,如图 2.1 – 5(c)所示,表示在保留背景的前提下,提升[a,b]间像素的灰度级。它也是一种窗口或灰度级切片操作。

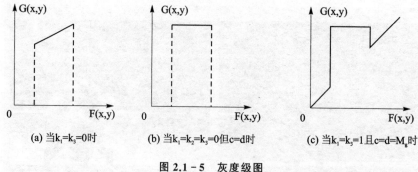

图 2.1-5 灰度级图

2) 非线性变换

非线性拉伸不是对图像的整个灰度范围进行扩展,而是有选择地对某一灰度范围进行扩展,其他范围的灰度值则有可能被压缩。非线性拉伸在整个灰度值范围内采用统一的变换函数,利用变换函数的数学性质实现对不同灰度值区间的扩展与压缩。下面介绍常用的两种非线性扩展法。

第一种方法是对数变换,是指输出图像的像素点的灰度值与对应的输出图像的像素灰度值之间为对数关系,其一般公式为:

$$g(x,y) = a + \frac{\ln[f(x,y)+1]}{b \cdot \ln c} \quad (2.1-8)$$

其中 a、b、c 都是可以选择的参数,$f(x,y)+1$ 是为了避免对 0 求对数,确保 $\ln[f(x,y)+1] \geqslant 0$。当 $f(x,y)=0$ 时,$\ln[f(x,y)+1]=0$,则 $y=a$,其中 a 为 y 轴上的截距,确定了变换曲线的初始位置的变换关系,b、c 两个参数确定变换曲线的变换速率。对数变换扩展了低灰度区,压缩了高灰度区,能使低灰度区的图像较清晰地显示出来。

第二种方法是指数变换,是指输出图像的像素点的灰度值与对应的输出图像的像素灰度值之间满足指数关系,其一般公式为:

$$g(x,y) = b^{c[f(x,y)-a]} - 1 \quad (2.1-9)$$

其中:a、b、c 是引入的参数,用来调整曲线的位置和形状,当 $f(x,y)=a$ 时,$g(x,y)=0$,此时指数曲线交于 x 轴,由此可见参数 a 决定了指数变换曲线的初始位置;参数 c 决定了变换曲线的陡度,即决定曲线的变换速率。这种变换一般用于对图像的高灰度区给予较大扩展,适于过亮的图像。

(2) 直方图变换

1) 直方图修正基础

图像的灰度直方图是反映一幅图像的灰度级与出现这种灰度级的概率之间的关系的图形。灰度级为 $[0, L-1]$ 范围的数字图像的直方图是离散函数 $h(r_k)=n_k$,这里 r_k 是第 k 级灰度,n_k 是图像中灰度级为 r_k 的像素个数。通常以图像中像素数目的总和 n 去除他的每一个值,以得到归一化的直方图,公式如下:

$$P(r_k) = n_k / n \quad (2.1-10)$$

其中,$k=0,1,2,\cdots,L-1$ 且 $\sum_{K=1}^{L-1} P(r_k) = 1$

因此 $P(r_k)$ 给出了灰度级为 r_k 发生的概率估计值。归纳起来,直方图主要有以下几点特质。

① 直方图中不包含位置信息。直方图只是反映了图像灰度分布的特性,与灰度所在的位置没有关系,不同的图像可能具有相近或完全相同的直方图分布。

② 直方图反应图像的整体灰度。直方图反映了图像的整体灰度分布情况,对于暗色图像,直方图的组成集中在灰度级低(暗)的一侧,相反,明亮图像的直方图则倾向于灰度级高的一侧。直观上可以得出这样的结论,若一幅图像的像素占有全部可能的灰度级并且分布均匀,这样的图像有高对比度和多变的灰度色调。

③ 直方图具有可叠加性。一幅图像的直方图等于它各个部分直方图的和。

④ 直方图具有统计特性。从直方图的定义可知,连续图像的直方图是一位连续函数,它具有统计特征,如矩、绝对矩、中心矩、绝对中心矩、熵。

⑤ 直方图具有动态范围。直方图的动态范围是由计算机图像处理系统的模数转换器的灰度级决定。

由于图像的视觉效果不好或者特殊需要,常常要对图像的灰度进行修正,以达到理想的效果,即对原始图像的直方图进行转换或修正。

一幅给定的图像的灰度级分布在 $0 \leqslant r \leqslant 1$ 范围内。可以对 $[0,1]$ 区间内的任何一个 r 进行如下变换:

$$s = T(r) \tag{2.1-11}$$

变换函数 T 应满足两个条件,一是在 $0 \leqslant r \leqslant 1$ 区间内,$T(r)$ 单值单调增加;二是对于 $0 \leqslant r \leqslant 1$,有 $0 \leqslant T(r) \leqslant 1$。

这里的第一个条件保证了图像的灰度级从白到黑的次序不变,第二个条件则保证了映射变换后的像素灰度值在允许的范围内。满足这两个条件,就保证了转换函数的可逆。

2) 直方图均衡化

直方图均衡化方法是图像增强中最常用、最重要的方法之一。直方图均衡化是把原图像的直方图通过灰度变换函数修正为灰度均匀分布的直方图,然后按均衡直方图修正原图像。它以概率论为基础,运用灰度点运算来实现,从而达到增强的目的。它的变换函数取决于图像灰度直方图的累积分布函数。概括来说,就是把一幅已知灰度概率分布的图像,经过一种变换,使之演变成一幅具有均匀概率分布的新图像。有些图像在低值灰度区间上频率较大,使得图像中较暗区域中的细节看不清楚。这时可以将图像的灰度范围分开,并且让灰度频率较小的灰度级变大。当图像的直方图均匀分布时,图像的信息熵最大,即此时图像包含的信息量最大,图像看起来就显得清晰。

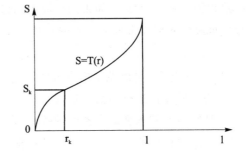

图 2.1-6 直方图均衡化变换函数

直方图均衡化变换函数如图 2.1-6 所示。设 r、s 分别表示原图像和增强后图像的灰度,为了简单,假定所有像素的灰度已被归一化。当 $r=s=0$ 时,表示黑色;当 $r=s=1$ 时,表示白色;当 r,s 在 $[0,1]$ 之间时,表示像素灰度在黑白之间变化。灰度变换函数为:$s=T(r)$。

实际上,由于直方图是近似的概率密度函数,用离散灰度级作变换时很少能够得到完全平坦的结果,而且变换后往往会出现灰度级减少的现象,这种现象被称为"简并"现象,这是像素灰度有限的必然结果。由于上述原因,数字图像的直方图均衡只能是近似的。直方图均衡化处理可大大改善图像灰度的动态范围。减少简并现象通常可采用增加像素的位数,例如,通常用8比特来代表一个像素,而现在用12比特来表示一个像素,这样就可以减少简并现象发生的机会,从而减少灰度层次的损失。另外,采用灰度间隔放大理论的直方图修正方法也可以减少简并现象。这种灰度间隔放大可以按照眼睛的对比度灵敏特性和成像系统的动态范围进行放大。一般实现方法采用如下几步:

① 统计原始图像的直方图;

② 根据给定的成像系统的最大动态范围和原始图像的灰度级来确定处理后的灰度级间隔;

③ 根据求得的步长来求变换后的新灰度;

④ 用处理后的新灰度代替处理前的灰度。

3) 直方图规定化

直方图均衡化是以累计分布函数变换法为基础的直方图修正技术,使得变换后的灰度概率密度函数均匀分布,它不能控制变换后的直方图,因而交互性差。在很多特殊情况下,需要变换后图像的直方图具有某种特定的曲线,如对数和指数等,直方图规定化可以解决这一问题。

直方图规定化方法如下:假设 $P(r_k)$ 是原始图像分布的概率密度函数,$p_z(z)$ 是希望得到的图像的概率密度函数。

先对原始图像进行直方图均衡化处理,即:

$$s = T(r) = \int_0^r p_r(v)dv \qquad (2.1-12)$$

假定已经得到了所希望的图像,并且它的概率密度函数是 $p_z(z)$。对该图像也做均衡化处理,即:

$$u = G(z) = \int_0^z p_z(v)dv \qquad (2.1-13)$$

由于对这两幅图像同样作了均衡化处理,所以它们具有同样的均匀密度。其中式 2.1-8 的逆过程为 $z = G^{-1}(U)$。如果用从原始图像中得到的均匀灰度级 S 来代替逆过程中的 u,其结果灰度级将是所要求的概率密度函数 $p_z(z)$ 的灰度级:

$$z = G^{-1}(u) = G^{-1}(s) \qquad (2.1-14)$$

根据以上思路,可以总结出直方图规定化增强处理的步骤如下:

① 将原始图像进行均衡化处理;

② 规定希望的灰度概率密度函数,用式 2.1-8 计算它的累计分布函数 $G(z)$;

③ 将逆变换函数 $z = G^{-1}(s)$ 用到步骤①中所得的灰度级。

上述三步得到了原始图像的一种处理方法,只要求 $G(s)$ 是可逆的即可进行。但是,对于离散图像,由于 $G(s)$ 是一个离散的阶梯函数,不可能有逆函数存在,对此,只能进行截断处理,从而导致变换后图像的直方图一般不能与目标直方图严格的匹配。

(3) 平　滑

获得的图像可能会因为各种原因而被污染,产生噪声。常见的图像噪声主要有加性噪声、乘性噪声和量化噪声等。噪声并不仅限于人眼所见的失真,有些噪声只针对某些具体的图像处理过程产生影响。图像中的噪声往往和正常信号交织在一起,尤其是乘性噪声,如果处理不当,就会破坏图像本身的细节,如会使线条、边界等变得模糊不清。有些图像是通过扫描仪扫描输入或通过传输通道传输过来的。图像中往往包含各种各样的噪声,这些噪声一般是随机产生的,因此具有分布和大小不规则性的特点。图像平滑就是针对图像噪声的操作,其主要作用是为了消除噪声。如何既平滑掉噪声又尽量保持图像细节,是图像平滑的主要研究任务。这些噪声的存在直接影响着后续的处理过程,使图像失真,这时可以采用如下几种方法。

1) 线性滤波法

该方法一般采用的是邻域平均法。对于给定图像中的每一个点,取其领域的 M 个像素的其平均值作为处理后所得图像像素点。

2) 中值滤波法

该方法就是输出图像的某点像素等于该像素邻域中各像素灰度的中间值。中值滤波也是一种典型的空间域低通滤波器,它的目的是保护图像边缘的同时去除噪声。它对脉冲干扰及椒盐噪声的抑制效果好,在抑制随机噪声的同时能有效保护边缘少受模糊,但它对点、线等细节较多的图像却不太合适。对中值滤波法来说,正确选择窗口尺寸的大小是很重要的环节。一般很难事先确定最佳的窗口尺寸,需通过从小窗口到大窗口的中值滤波试验,再从中选取最佳的尺寸。中值滤波容易去除孤立点、线的噪声,同时保持图像的边缘,它能很好地去除二值噪声,但对高斯噪声无能为力。要注意的是,当窗口内噪声点的个数大于窗口宽度一半时,中值滤波的效果不太好。

3) 多图像平均法

该方法是利用对同一景物的多幅图像相加取平均值来消除噪声产生的高频成分。多幅图像取平均处理常用于摄像机的视频图像中,以减少电视摄像机光电摄像管或 CCD 器件所引起的噪声。这时对同一景物连续摄取多幅图像并将其数字化,再对多幅图像求平均,这种方法在实际应用中的难点在于如何把多幅图像匹配准确,以便使相应的像素能正确地对应排列。

设 $g(x,y)$ 为有噪声图像,$n(x,y)$ 为噪声,$f(x,y)$ 为原始图像,可用下式表示:

$$g(x,y) = n(x,y) + f(x,y) \tag{2.1-15}$$

多图像平均法是把一系列有噪声的图像{g(x,y)}迭加起来,然后再取平均值以达到平滑的目的。当作平均处理的噪声图像数目越多时,其统计平均值就越接近原始无噪声图像。

4) 噪声门限法

噪声门限法是一种简单易行的消除噪声的方法,它对于因噪声传感器或者信道引起的呈现离散分布的单点噪声具有较好的效果,运用噪声门限法进行图像平滑时,首先设定门限值,然后顺序检测图像中的每一个像素,将该像素与其他像素进行比较判断,以确定是否为噪声点;若为噪声点,则以其邻域内所有像素灰度平均值代替,否则,以原灰度值输出。

5) 掩膜平滑法

图像中存在这样一个基本事实:同一区域内部的像素之间灰度变化平缓,起伏较小,统计方差小;在区域边缘,像素之间灰度值得起伏变化大,统计方差大。掩膜平滑法的目的在于进行滤波操作的同时,尽可能不破坏区域边缘的细节。

掩膜平滑以一个 5×5 的窗口为基准,中心位置为 (i,k),在这个窗口中确定 9 种不同的掩膜模版。

在平滑时,首先计算各模版的均值和方差。

$$A_i = \left[\sum f(j+m, k+n)\right]/Q \qquad (2.1-16)$$

$$B_i = \sum \{f[f(j+m, k+n)]^2 - A_i^2\} \qquad (2.1-17)$$

式中,i 表示掩膜模版编号,Q 对应掩膜模板中包含像素的个数,(m,n) 为掩膜模板中像素相对于中心像素 (j,k) 的位移量。也就是说,掩膜平滑的输出为具有最小方差的模板所对应的灰度均值。

当同样的方法作用于图中的每一个像素后,即可得到平滑的图像,平滑图像中相对较好地保留了图像区域边缘的细节。

(4) 锐 化

图像平滑往往使图像中的边界、轮廓变得模糊,为了减少这类不利效果的影响,就需要利用图像锐化技术,使图像边缘变得清晰。图像锐化处理的目的是为了使图像的边缘、轮廓线以及图像的细节变得清晰,经过平滑的图像变得模糊的根本原因是图像受到了平均或积分运算,因此可以对其进行逆运算(如微分运算)就可以使图像变得清晰。从频率域来考虑,图像模糊的实质是因为其高频分量被衰减,因此可以用高通滤波器来使图像清晰。

5. 频域滤波器相关理论和设计方法

频域滤波处理是通过改变图像中不同频率分量来实现的。由于图像频谱给出的是图像全局的性质,所以频域处理不对应于空域中的单个像素。频域处理是让某个范围的分量或某些频率的分量受到抑制或改变,从而改变输出图像的频率分布,达到应用目的。

卷积理论和傅里叶变换是频域技术的基础,设函数 $f(x,y)$ 与线性时不变算子 $h(x,y)$ 的卷积结果是 $g(x,y)$,即:

$$g(x,y) = h(x,y) * f(x,y) \qquad (2.1-18)$$

那么根据卷积定理在频域有:

$$G(u,v) = H(u,v) \times (u,v) \qquad (2.1-19)$$

其中 $G(u,v)$,$H(u,v)$,$F(u,v)$ 分别是 $g(x,y)$,$h(x,y)$,$f(x,y)$ 的傅里叶变换。$H(u,v)$ 称为滤波器函数,也可以称为传递函数。在具体增强应用中,$f(x,y)$ 是给定的,所以 $F(u,v)$ 可利用变换得到,需要确定的是 $H(u,v)$,这样具有所需增强特性的图像 $g(x,y)$ 就可由 $G(u,v)$ 傅里叶逆变换而得到。

$g(x,y)$ 可以突出 $f(x,y)$ 的某一方面的特征信息。若通过 $H(u,v)$ 增强 $F(u,v)$ 的高频信息,如增强图像的边缘信息等,则为高通滤波;如果增强 $F(u,v)$ 的低频信息,如对图像进行平滑操作等,则为低通滤波。频域增强的主要步骤是:

① 将输入图像通过傅里叶变换到频域空间;

② 在频域空间中,根据处理目的设计一个转移函数并进行卷积处理;

③ 将所得结果用反变换得到图像增强。

其原理如图 2.1.7 所示：

图 2.1-7　频域图像增强原理图

(1) 低通滤波器

从信号的角度看,信号缓慢变化主要分布在频率域的低频部分,而信号迅速变化的部分主要集中在高频部分。图像在传递过程中,由于噪声主要集中在高频部分,为去除噪声改善图像质量,滤波器采用低通滤波器 $H(u,v)$ 来抑制高频成分、通过低频成分,然后再进行逆傅里叶变换获得滤波图像,就可达到平滑图像的目的。在傅里叶变换域中,变换系数能反映某些图像的特征,如频谱的直流分量对应于图像的平均亮度,噪声对应于频率较高的区域,图像实体位于频率较低的区域等,因此频域常被用于图像增强。在图像增强中构造低通滤波器,使低频分量能够顺利通过,高频分量有效地阻止,即可滤除该领域内噪声。由卷积定理,低通滤波器数学表达式为：

$$G(u,v) = F(u,v)H(u,v) \qquad (2.1-20)$$

式中,$F(u,v)$ 为含有噪声的原图像的傅里叶变换域；$H(u,v)$ 为传递函数；$G(u,v)$ 为经低通滤波后输出图像的傅里叶变换。假定噪声和信号成分在频率上可分离,且噪声表现为高频成分。H 滤波滤去了高频成分,而低频信息基本无损失地通过。

理想低通滤波器是指能够完全剔除高于截止频率的所有频率信号,并且低于截止频率的信号可以不受影响地通过的滤波器。理想低通滤波器的传递函数为：

$$H(u,v) = \begin{cases} 1 & D(u,v) \leqslant D_0 \\ 0 & D(u,v) > D_0 \end{cases} \qquad (2.1-21)$$

式中,$D(u,v)$ 表示点 (u,v) 到原点的距离,D_0 表示截止频率点到原点的距离。理想低通滤波器并不能够物理实现,只能够通过计算机进行仿真。理想低通滤波器仿真的效果如图 2.1-8 所示。

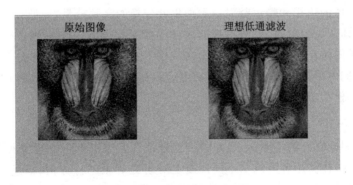

图 2.1-8　理想低通滤波效果

(2) 高通滤波器

图像中的细节部分与其频率的高频分量相对应,所以高通滤波可以对图像进行锐化处理。高通滤波器与低通滤波器的作用相反,它使高频分量顺利通过而削弱低频。

图像的边缘、细节主要位于高频部分,而图像的模糊是由于高频成分比较弱而产生的。采用高通滤波器可以对图像进行锐化处理,消除模糊,突出边缘。因此采用高通滤波器让高频成分通过,使低频成分削弱,再经逆傅里叶变换得到边缘锐化的图像。二维理想高通滤波器的传递函数为:

$$H(u,v)=\begin{cases}0 & D(u,v)\leqslant D_0\\1 & D(u,v)>D_0\end{cases} \quad (2.1-22)$$

式中,$D(u,v)$ 表示点 (u,v) 到原点的距离,D_0 表示截止频率点到原点的距离。理想高通滤波器仿真的效果如图 2.1-9:

图 2.1-9 理想高通滤波效果

(3) 带通滤波器和带阻滤波器

带通滤波器容许一定频率范围信号通过,即减弱频率低于下限截止频率和高于上限截止频率的信号通过。带阻滤波器减弱一定频率范围信号,但容许频率低于下限截止频率和高于上限截止频率的信号通过。其传递函数为:

$$H(u,v)=\begin{cases}1 & D1\leqslant D(u,v)\leqslant D2\\0 & D(u,v)<D1 \text{ 或 } D(u,v)>D2\end{cases} \quad (2.1-23)$$

(4) 同态滤波

一般来说,图像的边缘和噪声都对应于傅里叶变换的高频分量,而低频分量主要决定图像在平滑区域中总体灰度级的显示,故被低通滤波的图像比原图像少一些尖锐的细节部分。同样,被高通滤波的图像在图像的平滑区域中将减少一些灰度级的变化并突出细节部分。为了增强图像细节的同时尽量保留图像的低频分量,可以使用同态滤波方法,这样既能保留了图像的原貌,又能对图像细节进行增强。同态滤波示例如图 2.1-10 所示。

(5) 小波滤波

随着对小波理论研究的不断深入,小波变换理论开始应用于图像处理领域,其多分辨分析和特殊的时频特性,让使用者可以从不同尺度上对研究对象进行分析、描述,成为对数字图像进行去噪的一种理想工具。小波去噪方法的成功主要得益于小波变换具有如下特点:

① 低熵性:小波系数的稀疏分布,使得图像变换后的熵降低。

② 多分辨率:小波变换采用多分辨率的方法,可以非常好地刻画信号的非平稳特征,如边缘、尖峰、断点等。

③ 去相关性:小波变换可以对信号进行去相关,且噪声在变换后有白化趋势,所以小波域

图 2.1-10　同态滤波器应用实例

比时域更利于去噪。

④ 选基灵活性:小波变换可以灵活选择变换基,对不同的应用场合、不同的研究对象,可以选用不同的小波母函数,以获得最佳效果。

但是,由于小波变换缺乏方向性,仅具有水平、垂直、对角方向的信息,不能很好地捕获二维图像中的线和面奇异,不能最优地表示含线或面奇异的二维图像,从而使得传统小波变换在处理二维图像时表现出一定的局限性。

三、任务完成

由于人眼对灰度级别的分辨能力有限,只有当相邻像素的灰度值相差到一定程度时才能被辨别出来。通过图像增强方法的线性变换,图像中相邻像素灰度的差值增加,将有效改善图像视觉效果。

四、任务拓展

如图所示,左边是苹果采摘机器人拍摄的原始图像,右边是经过直方图均衡后的图像。结合本章内容,说明右边图像对比左边图像有哪些优缺点。

五、 任务小结

图像增强技术对于提高图像质量起着重要作用,从处理的作用域出发,可分为空间域和频域两大类。不论哪种方式,都可以将原本模糊不清甚至根本无法分辨的原始图片处理成清楚、明晰的富含大量有用信息的可使用图像。

任务二 图像分割

人们在研究或者应用图像时,所感兴趣的很可能仅是图像中的某些部分或区域。那么此时需要哪些技术呢?

一、 任务提出

如图2.2-1所示,当您看到这幅汽车图像时,哪些特征更让您感兴趣,车牌,车灯,颜色,还是车镜?可以使用哪些技术突出这些特征呢?

图 2.2-1 汽车原始图像

二、 任务信息

1. 图形分割的定义

多年来,人们提出了很多种图像分割的定义和表述,下面结合集合概念给出图像分割的定义。

假设集合 R 表示整个图像区域,对 R 的分割定义为将 R 分割成满足以下条件的 N 个非空子集 $R_1, R_2, R_3, \ldots\ldots, R_N$:

① $\bigcup_{i=1}^{N} = R$;

② 对所有的 $i \neq j$,有 $R_i \cap R_j = \varphi$;
③ 对 $i = 1,2,\cdots,N$,有 $R_i \cap R_j = \varphi$;
④ 对 $i \neq j$,有 $P(R_i \cup R_j) = False$;
⑤ 对 $i = 1,2,\cdots,N$,R_i 是连通的区域。

其中,$P(R_i)$ 是对每个集合 R_i 中元素的逻辑谓词,φ 表示空集。

简单地说,图像分割技术是将相似性质的区域遵照某种或某些性质分割到一起,性质区别大的被分割到不同的区域。

在进行图像分割时,一定要考虑以下几点:
① 分割后前景的边界是封闭的;
② 有效的分割应该做到分割时去掉无关紧要的细节,保留所关心的特征;
③ 有一个合适的计算速度;
④ 非阈值化,能否进行自动阈值分割。

对图像分割的研究主要可以分为两方面,一方面是图像分割算法的研究,另一方面是对分割评价方法和评价体系的研究。

2. 图像分割的意义

在图像处理技术中,图像分割是其中一个关键步骤。人们在研究或应用图像时,很可能所感兴趣的仅是图像中的某些部分或区域,这些区域通常称为前景(目标),剩余部分称为背景。前景往往具有一些独特的性质,为了能够更好地辨别和分析前景,最直接的想法就是将它们从图像中分离提取出来,之后才有可能对前景有更进一步的利用和处理。图像分割就是指根据各个区域的特性,如像素的颜色、纹理、灰度等,把图像分成多个区域并将感兴趣的目标提取出来的技术和过程。这里所指的目标可以是多个区域,也可以是单个区域。

3. 图像分割的算法

来自不同领域的图像有很大差别,人们对图像中感兴趣的部分也各不相同,所以分割算法至今没有一个通用的算法,现有的分割算法基本都是针对某些具体问题。

下面详细介绍几种最常用的算法。

(1) 阈值化分割算法

阈值化分割算法是较早出现的图像分割算法。

该算法最直接的想法是根据图像的灰度,把图像区分成同实际物体相对应的有意义的区域。每个区域内部从灰度的角度看是均匀的,相邻区域之间是不同的,灰度不同的区域间存在着边界。阈值化分割算法有单阈值算法和多阈值算法。阈值化分割算法的最根本的策略是从单阈值化算法开始的,多阈值算法是单阈值算法的发展,单阈值算法是多阈值算法的一种特例。单阈值算法基本策略是预设一个阈值 T,待处理图像的像素灰度值为 $f(x,y)$,将图像中的像素分成两部分:满足条件 $f(x,y) > T$ 的和 $f(x,y) < T$ 的所有像素,一部分称为前景(目标),另一部分称为背景。这种算法主要应用在指纹识别、印章鉴定、文字识别等领域。多阈值算法是选择多个阈值,将整个灰度范围区分成几个部分,每个部分的像素自成一类,最终把图像分割成多个不同的区域。

阈值化算法主要有两个步骤:第一步是选择合适的阈值,第二步是通过用图像的每个像素的灰度与选定的阈值做比较确定该像素所属于的类。可见,确定一个合适的阈值是阈值化算法的关键和难点。现有的阈值化算法大多是将主要精力放在了最佳阈值的选取。下面介绍几种典型的阈值化分割算法。

1) 基于直方图的分割算法

直方图算法的基本思想是直接依据图像的原始直方图确定阈值。20 世纪 60 年代,人们提出了 P-分位数法,该方法是最早的选取阈值的方法,需要一定的先验知识。假设已经获得前景像素占整幅图像的比例为 P,用于分割的阈值就应该保证灰度级小于阈值的像素数所占比率近似等于 P。P-分位数法在没有一定的先验知识的情况下往往是不能使用的,这个先验知识一般是指前景点数占有比率。

P-分位数法提出后不久,科学家又提出了 mode 算法。mode 算法的基本思想是在直方图表现出较明显的双峰状时,将双峰中间的谷底对应的灰度级作为分割图像的阈值。mode 算法的优点是实现起来比较简单,缺点是实际需要分割的图像得到的直方图都比较粗糙,几乎不可能达到理想状态下的光滑度,这样给极大值和极小值的确定带来了极大的困难。

由于直方图的粗糙照成了这些方法的不适用,于是一些学者试图对直方图进行指数平滑处理,目的是为了解决阻碍辨别极值点的随机干扰点,然后应用一些方法提取出所有可能的极值点,最后再通过相应的评价函数去除不合理的极值点。这种方法优点很明显,缺点同样明显,直方图得到平滑的同时,往往会把一些局部的极值点平滑掉了,增加了额外的噪声,影响了图像分割质量。

上面提到的这些直方图算法中,mode 算法使用的频率最高。在实际应用中,并不是每幅图像都满足 mode 算法所需要的直方图特征。因此,一些研究人员提出了一些变换方法,然后通过这些方法将直方图变换成符合 mode 算法要求的直方图,再应用 mode 算法确定阈值。

这些变换方法中使用比较广泛的就是四元树直方图变换法,这种方法使得阈值的选取更容易实现。

以上算法都是单阈值分割算法。在多阈值分割算法中也有基于直方图的分割算法,例如,将二维直方图中每个细化边缘点聚类后得到的平均灰度级作为选取阈值的方法、多阈值选取递归方法以及基于自动分析直方图灰度分布的阈值化分割算法等。

2) 基于最大类间方差分割算法

20 世纪 70 年代末,科学家提出了最大类间方差法。该方法的理论依据是判决分析和最小二乘法。最大类间方差法把通过阈值 T 分成的两类灰度分别进行类内和类间方差计算。这里的阈值 T 是当类间方差最大时确定的灰度级。最大类间方差法的依据是同一个前景内类间的方差较小,但是不同区域的方差最大。这种算法的优点是稳定、实现容易、算法简单。

20 世纪 80 年代初,出现了穷举搜索法,最速上升法等,提高了搜索速度,使得该方法便于实时应用。然而,该方法在类间方差的极大值有多个的时候计算出的结果不一定是最佳阈值。

3) 基于最小误差与均匀化误差的分割算法

为了解决最大类间方法中的缺点和不足,出现了最小误差方法,该方法有更为强大的适应能力,解决了前景和背景比例悬殊时遇到的问题。这种方法的具体思路是,由前景和背景像素灰度级组成混合集,用 P(i) 表示该混合集的概率密度函数,直方图可以看作是 P(i) 的估计,假设该混合集的每个分量 P(i|j) 服从正态分布,其中均值为 μ_j,标准差为 σ_j,然后定义 J(t) 为遵

循一定规则的准则函数。在 J(t) 达到极小值时,灰度级 t 就是需要的阈值。20 世纪 80 年代末,出现了经最小误差方法修改后的模型分布方差的偏估计,该算法的提出使得原算法得到了极大的改善,输出效果优势明显,但同时付出了计算复杂度增大的代价。

4) 基于最大熵法的分割算法

20 世纪 80 年代,应用香农信息论中熵的理论提出了最大后验熵上限法。最大后验熵上限法定义 $H_B = -P_i \log_2 P_i$ 为前景的后验熵,定义 $H_w = -(1-P_i)\log_2(1-P)_i$ 为背景的后验熵,其中定义 $Pi = \sum_0^i Pi$,Pi 是灰度等于 i 的像素的出现的概率。最大熵算法的基本原理是:在 H_B 加上 H_w 的和取最大值时,前景和背景的一阶灰度的信息量最大,这时的灰度级 t 就是想要得到的阈值。该方法实现简单,但有一定的计算量。20 世纪末,该算法有了改进,改进后的算法是通过在重新量化的直方图上取值来确定阈值,最终成功降低了计算量,使得最大熵法更加适合计算机处理。

(2) 基于区域的分割算法

基于区域的分割算法分割图像时,图像的空间信息得到了很好的利用,分割后连续性较好,并且不受图像的分支数影响。主要的分割算法有:区域生长和分裂合并。

1) 区域生长

区域生长是早期出现的分割算法,是将灰度特征、颜色特征或者纹理特征相似或者相同的像素集合起来构成区域。区域生长法首先在待分割的区域内确定一个种子像素作为生长点,随后让生长点邻域内按照某生长规则的要求与生长点具有相同或者相似的像素点合并到生长点所属的类中。在应用区域生长法时,根据不同的初始生长点进行分割时会得到不同的结果,所以初始生长点的选择是区域生长算法的难点。另外,生长规则即生长过程中相似性准则的确定也直接影响着图像分割结果,是区域生长算法的另外一个难点。

计算复杂度和计算速度是区域生长算法的显著优点,但其同样有明显的缺点,即在缺乏先验知识时,初始生长点选择的随机性和生长规则的随机性往往会产生较差的分割效果。

2) 分裂合并

分裂和合并算法是一种比较经典的算法。分裂合并算法的基本思想是将待分割的图像先划分成多个不重叠的区域,划分后的区域的大小是任意的,然后按照某分裂合并规则合并或者分裂这些划分后的区域达到分割的要求。分割时,图像区域属性的一致性测度判断准则往往影响着分割的好坏,该准则一般是由待分割图像的一些统计特征来确定的。较常用的分裂合并算法有:金字塔分割算法、模糊聚类算法、分水岭算法、RAG 算法、NNG 算法等。其中前三种是分裂算法,后两种是合并算法。

(3) 基于边缘检测的算法

边缘是在前景与前景、前景与背景之间、区域与区域之间的灰度变化剧烈、不连续的部分。根据边缘的特性来分割图像是一种重要的分割算法,也就是边缘检测。从人类视觉的角度直接出发,人们发现边缘点往往是图像某些特征变化剧烈的点,这些点通常是一阶导数极大的点或者二阶过零的点,因此提出了一系列边缘检测的算法。

常见的边缘检测的算法包括滤波、增强、检测、定位四个过程(如图 2.2-2 所示)。滤波过程直接的目的是对图像进行平滑处理以降低噪声对图像分割的影响,但同时可能会滤去边缘点,因此好的滤波过程是降低噪声的同时尽量保证边缘的完整。增强过程是为了弥补滤波过程的不足、保证边缘的完整,但同时可能会造成伪边缘的出现。检测过程就是通过某个算法确定边缘点。定位工程是在检测过程中得到的边缘点中尽可能精确的定位到实际的边缘。

图 2.2 - 2　边缘检测过程

边缘检测算法具体在下一小节进行介绍。

（4）基于 Snakes 模型的分割算法

首先介绍用于图像分割的 Snakes 模型,即:

$$v(s,t) = [x(s,t), y(s,t)] \tag{2.2-1}$$

其中 $s \in [0,1]$ 表示轮廓曲线曲率,t 表示时间。该算法是用设定的能量函数 E_{snake} 的动态优化逼近前景的轮廓,E_{snake} 定义如下:

$$E_{snake} = \int_0^1 E_{internal} + E_{image} + E_{constraint} \tag{2.2-2}$$

$E_{internal}$ 体现的是前景轮廓的特征的能量,如其平滑性、连续性;E_{image} 体现的是轮廓点对照图像局部特征的能量,$E_{constraint}$ 体现的是分割图像时人工给定的约束条件的能量。

Snakes 模型的适用性较广,因为 E_{snake} 采用的是积分的运算方式,抗噪性能强。前景的局部模糊敏感度低。该算法的缺点是对初始条件要求高,收敛速度有待提高。

（5）基于组合优化模型的分割算法

基于组合优化模型的分割算法的主要策略是,在分割图像时通过定义目标函数,应用组合优化方法分割图像。目标函数在给定的约束项下的全局最优解就是所求分割的解。

下面是两个具有代表性的目标函数:

$$E = \omega_1 \left(\sum_{i=1}^R \sigma_i^{\ 2} \right) + \omega_2 C_i \tag{2.2-3}$$
$$E(u,B) = \int_\Omega r(1-B)^2 + \int_\Omega B^2$$

基于组合优化模型的分割算法分割图像的关键是确定合适的区域或边缘的约束条件和对目标函数的估计方法。后来提出的改进算法多是基于以上两点的改进,如遗传算法、随机退火算法、组合遗传算法的算法在图像分割中的应用就是从其中某点或两点考虑的。

（6）基于目标几何和统计模型的分割算法

基于目标几何和统计模型的分割算法是将目标分割和识别统一在一起的算法。该算法的基本策略是把目标的几何知识与统计知识按照一定的规则表示成模型,使之变成匹配或监督分类。具有代表性的模型分割算法有:依据目标几何形状特征确定的模板模型分割算法,采用像概率神经网络、局部线性神经网络等构成目标的基于连接模型的分割算法,采用传统统计分类策略提取训练图像特征后构成前景的基于特征矢量模型的分割算法。基于目标几何与统计模型的分割算法的优点是能同时解决部分识别任务或者全部识别任务、效率高,缺点是在一定条件下误检和漏检的可能性比较大、在匹配时搜索的速度不够理想。

三、任务完成

因为人们对于图像的每个部位的兴趣不同,从而使得人们对于图像的各个特征关注也不尽相同,可以使用本节介绍的图像分割突出各个特征。

四、任务拓展

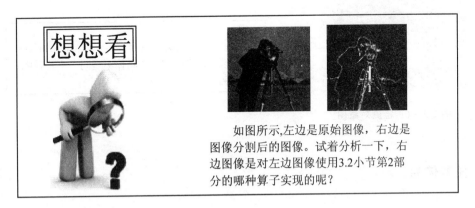

如图所示,左边是原始图像,右边是图像分割后的图像。试着分析一下,右边图像是对左边图像使用3.2小节第2部分的哪种算子实现的呢?

五、任务小结

图像分割技术对于划分图像特征起着至关重要的作用。图像分割的算法有很多,而且还在源源不断地出现新的算法。读者应该在努力掌握经典算法的基础上,不断改进原有算法,开发新的算法。

任务三　边缘提取

通过对人类视觉系统的研究表明,图像中的边界特别重要,往往仅凭一些粗略的轮廓线就能够识别出一个物体。轮廓线就是图像的边缘。图像的边缘是图像的最基本特征,被应用到较高层次的特征描述、图像识别、图像分割、图像增强以及图像压缩等图像处理和分析技术中,边缘提取作为图像分析与模式识别的主要特征提取手段,应用于计算机视觉、模式识别等研究领域中。

一、任务提出

图 2.3-1 检测对象图

如图2.3-1所示,我们可以采用哪些技术检测两个物体不是同一个物体呢?

二、任务信息

1. 图像边缘类型

边缘是图像像素灰度发生显著变化的部分,是灰度值不连续的结果,存在于物体与背景之间、物体与物体之间、区域与区域之间,一般是由图像中物体的物理特性变化引起的。物理特性变化的不同产生了不同的边缘。图像的边缘具有方向和幅度两个特征。水平于边缘走向,像素值变化平缓;垂直于边缘走向,像素值变化剧烈,呈现阶跃状或是斜坡状。因此,通常将边缘分为阶跃型和屋脊型两种。

阶跃型边缘的两侧灰度值变化较明显,而屋脊型边缘位于灰度值增减的交界处。从数学角度一般用导数来刻画边缘点的变化,通常对这两种边缘分别求取一阶、二阶导数即可体现边缘点的变化。阶跃型边缘灰度变化曲线的一阶导数在边缘处达到极大值,其二阶导数在边缘处与横轴零交叉;屋脊型边缘的灰度变化曲线的一阶导数在边缘处与横轴零交叉,其二阶导数在边缘处达到负极大值。

2. 图像边缘提取的内容和步骤

图像边缘检测的目的是采用某种算法提取出图像中对象与背景之间的交界线。在最终提取出图像边缘之前,还需做些前期的图像处理工作,包括滤波去噪、增强边缘部分等,以便提取出真正的、清晰的图像边缘。一般来说,图像的边缘提取包括以下四部分内容。

① 图像滤波。边缘检测主要是基于图像灰度的导数计算,受噪声影响很大,因此必须采用滤波方法处理受噪声污染的图像,提高边缘检测器的性能。而多数滤波具有低通特性,在去除噪声的同时也会使图像的边缘变得模糊,因此需要选择合适的滤波方法,在保持边缘的同时

尽可能地去除噪声,并尽可能地达到增强边缘与降低噪声之间的平衡。

② 边缘增强。图像增强是指按照特定需要突出图像中的某些信息,处理的结果使图像更适合人的视觉特性和机器的识别系统。图像边缘的增强是确定图像各邻域强度的变化值,显示出邻域或局部强度有显著变化的点。一般是通过计算梯度幅值完成图像边缘的增强。

③ 边缘检测。边缘增强的结果是使图像中灰度有显著变化或者说梯度幅值大的点突出显示,但是有些图像中梯度幅值较大的点在某些特定的应用领域中并非边缘点,所以应该用某种算法确定真的边缘点。最简单的是设定梯度幅值阈值作为确定边缘的依据。

④ 边缘定位。根据具体应用领域,结合以上步骤,精确确定边缘的位置,提取出图像边缘,得到边缘图像。

在边缘检测算法中,前三步基本包括,十分普遍。这是因为在大多数应用中,仅需指出边缘出现在图像某一像素点的附近,而无须指出边缘的精确位置或方向。然而在某些具体的工程应用中,则需要确定并提取出图像边缘。因此边缘定位也是十分重要的。边缘提取的基本步骤如图 2.3-2 所示。

图 2.3-2 边缘提取的基本步骤

3. 图像边缘提取的基本实现方法

(1) 滤波方法

图像在获取、传输和存储过程中不可避免地受到噪声的影响,对图像质量和后续处理有较大的影响。图像边缘和噪声均是高频分量,图像降噪和边缘提取是密不可分的,在图像降噪的过程中应尽量保持图像的边缘特征。传统的滤波降噪方法主要有均值滤波法、中值滤波法等。随着对图像质量要求的增高,近年来提出了很多的滤波方法,例如自适应滤波方法、小波滤波和形态学滤波等。

1) 均值滤波法

均值滤波法是简单的空域处理方法。此方法的基本思想是用一个滤波模板依次滑过整幅图像,然后确定邻域内像素的灰度值,用几个像素灰度的平均值来代替每个像素的灰度。假定有一幅 $N*N$ 图像 $f(m,n)$,平滑处理后得到图像 $g(x,y)$,像素灰度值为

$$g(x,y) = \frac{1}{M} \sum_{(m,n) \in s} f(m,n), x,y = 0,1,2,\cdots,N-1 \quad (2.3-1)$$

其中,S 是以点 (x,y) 为中心的邻域像素点的集合,M 是集合内像素点的总数。即平滑化图像 $g(x,y)$ 中的每个像素的灰度值均是由包含在 (x,y) 的预定邻域中的 $f(x,y)$ 的几个像素的灰度值的平均值决定的。

均值滤波法常用的滤波模板有 3×3、5×5 和 7×7。其优势在于算法简单,计算速度快,但是它在降低图像噪声的同时也会使图像产生模糊,而且它的平滑效果受所使用的模板邻域

半径大小的影响,随着邻域半径的加大,图像的模糊程度也愈加严重。为克服这一缺点,可采用阈值法减少由于邻域平均所产生的模糊效应。其基本方法由下式决定,即设置非负阈值 T。当某些点和它邻域内点的灰度平均值之差大于阈值 T 时,就用它们的平均值代替该点的灰度值,否则保留其原灰度值不变。

$$g(x,y) = \begin{cases} \dfrac{1}{M}\sum_{(m,n)\in s} f(m,n), & \left| f(x,y) - \dfrac{1}{M}\sum_{(m,n)\in s} f(m,n) \right| > T \\ f(x,y), & \left| f(x,y) - \dfrac{1}{M}\sum_{(m,n)\in s} f(m,n) \right| \leqslant \end{cases} \quad (2.3-2)$$

2) 中值滤波法

中值滤波是非线性滤波器的典型代表,主要用于对实值离散信号的滤波,在某些条件下可以做到既去除噪声又保护图像边缘。中值滤波基于排序理论,基本原理是把数字图像或数字序列中一点的值用该点的一个邻域中各点值的中值代替。中值的定义如下:

一组数 $x_1, x_2, \cdots x_n$,把各数按值的大小顺序排列为 $x_{i1} < x_{i2} < \cdots < x_{in}$,中值 Y 计算为

$$y = Med\{X_1, X_2, \cdots, X_n\} = \begin{cases} X_{i[(n+1)/2]} & n = 1,3,5\cdots \\ \dfrac{1}{2}[X_{i(n/2)} + X_{i(n/2+1)}] & n = 2,4,6,\cdots \end{cases} \quad (2.3-3)$$

在一维情况下,中值滤波器是一个含有奇数个像素的滑动窗口,窗口正中间像素的值用窗口内各像素值的中值代替。推广到二维,利用某种形式的二维窗口,即滤波模板,主要有 3×3 和 5×5 模板。中值滤波的优势在于可以克服线性滤波器给图像带来的模糊,能在有效地清除脉冲噪声的同时保护良好的边缘特征,而中值滤波窗口内各点对输出的作用是相同的,如果希望强调中间点或是邻近点的作用,则可以采用加权中值滤波法。

由于不同的滤波器针对不同的噪声,同一副图像的不同区域的滤波强度也应该有所区别,根据这种需求产生了自适应滤波方法。这种方法根据图像的具体情况确定滤波器的系数。图像边缘和图像中的噪声均属于高频分量,但是在不同尺度上又具有不同的特性,于是在不同尺度上提取的边缘在定位精度和抗噪性能上是能够互补的。可以在尺度空间采用滤波方法,即在大尺度下抑制噪声,小尺度下精确定位,以识别可靠边缘,得到边缘的真实位置,从而产生小波滤波方法并应用到图像降噪中。

(2) 微分法

1) 一阶微分方法

图像的梯度函数在边缘处为局部极大值,即函数梯度变化的速率为局部极大值。通过一阶导数算子或是梯度算子估计图像梯度变化的方向,增强图像灰度变化区域,进而判断边缘。

给定函数 f(x,y),在点(x,y)的 x 方向、y 方向和 θ 方向的一阶方向导数为:

$$f(x,y) = \frac{\partial f}{\partial x} \quad (2.3-4)$$

$$f_y(x,y) = \frac{\partial f}{\partial y} \quad (2.3-5)$$

$$f_\theta(x,y) = \frac{\partial f}{\partial x}\cos\theta + \frac{\partial f}{\partial y}\sin\theta \qquad (2.3-6)$$

在点(x,y)处的梯度可定义为一个矢量,即

$$grad[f(x,y)] = \begin{bmatrix} \frac{\partial f}{\partial x} & \frac{\partial f}{\partial y} \end{bmatrix}^T \qquad (2.3-7)$$

如果用 G[f(x,y)]来表示 grad[f(x,y)]的幅度,那么

$$G[f(x,y)] = \max\{grad[f(x,y)]\} = \left[\left(\frac{\partial f}{\partial x}\right)^2 + \left(\frac{\partial f}{\partial y}\right)^2\right]^{\frac{1}{2}} \qquad (2.3-8)$$

由以上定义可知,矢量 grad[f(x,y)]是指向 f(x,y)最大增长率的方向;G[f(x,y)]是 grad[f(x,y)]的方向上每单位距离 f(x,y)的最大增加率,也就是"梯度的模"。梯度的方向为垂直于边缘的方向:

$$\varphi = arctg\left\{\frac{\partial f}{\partial y} \middle/ \frac{\partial f}{\partial x}\right\} \qquad (2.3-9)$$

在数字图像处理中采用离散形式,用差分运算代替微分运算。上式可以用差分式来近似:

$$G[f(x,y)] \approx \{[f(x,y) - f(x+1,y)]^2 + [f(x,y) - f(x,y+1)]^2\}^{\frac{1}{2}}$$

$$(2.3-10)$$

在用计算机计算梯度时,通常用绝对值运算代替差分运算式,即

$$G[f(x,y)] \approx |f(x,y) - f(x+1,y)| + |f(x,y) - f(x,y+1)| \qquad (2.3-11)$$

由以上公式可知,梯度的近似值都和相邻像素的灰度差呈正比,在一幅图像中,边缘区梯度值较大,平滑区梯度值较小,对于灰度值数值为常数的区域,梯度值为零。通过图像与一阶导数算子做卷积,这些算子体现为模板。先选择多个模板处理结果中的较大值作为在该点的输出值,然后选择一个合适的阈值做判定,以得到图像边缘。

2) 二阶微分方法

阶跃型边缘对应图像一阶导数的局部极大值,也对应二阶导数的过零点,而寻找过零点位置比起寻找极值点更容易且精确,因此可通过检测图像二阶导数过零点位置来检测图像边缘。

函数 f(x,y)在点(x,y)的 x 方向、y 方向的二阶导数为:

$$f_{xx}(x,y) = \frac{\partial^2 f(x,y)}{\partial x^2} \qquad (2.3-12)$$

$$f_{yy}(x,y) = \frac{\partial^2 f(x,y)}{\partial y^2} \qquad (2.3-13)$$

设 $\vec{n}$ 为梯度方向,图像 f(x,y)在点(x,y)处沿梯度方向的二阶导数为:

$$\frac{\partial^2 f(x,y)}{\partial \vec{n}^2} = \frac{\partial^2 f(x,y)}{\partial x^2}\cos^2\theta + 2\frac{\partial^2 f(x,y)}{\partial x \partial y}\sin\theta\cos\theta + \frac{\partial^2 f(x,y)}{\partial y^2}\sin^2\theta \qquad (2.3-14)$$

由于二阶方向导数算子不具有线性及旋转不变性,所以通常采用具有旋转对称性和线性且对灰度突变较敏感的算子来实现。

（3）边缘提取

图像边缘在被微分算子增强后，用边缘提取方法提取出边缘。常用的方法主要有阈值法和零交叉边缘提取方法。

1）阈值法

阈值法的基本方法是通过设定门限值 T，若微分增强后像素点的数值大于 T，则认为是边缘点，否则不是边缘点。合理设置阈值对后续处理非常重要，因为阈值设置过高，容易丢失目标边缘，过低则会增加背景噪声，这样会影响后续处理的精度和实时性。通常边缘提取的阈值是基于边缘增强自适应确定的，根据处理数据的范围分为全局和局部自适应方法。而且随着理论的发展和技术应用的需要，阈值的选取也产生很多新的方法，主要有迭代阈值法、均匀分布阈值法、一维熵阈值法、模糊阈值法等。

仅仅有一个阈值并不充分，可能会造成断边缘或是假边缘。因此可以使用双阈值方法。首先利用累计统计直方图得到高阈值，然后再取一个低阈值，如果图像信号的响应大于高阈值，则它一定是边缘；如果低于低阈值则为非边缘；如果在两者之间，则要看它的 8 个邻接像素有无大于高阈值的值。

2）零交叉方法

零交叉边缘提取法应用也很广泛。使用算子卷积图像，通过判断符号的变化确定零交叉点的位置为边缘点。此外，使用符号结合法定位边缘，也可以取得较好的效果。

4. 图像边缘提取的难点

图像的边缘提取是图像处理和计算机视觉研究的重要课题之一，其提取算法的性能好坏直接决定计算机视觉系统的优劣。好的边缘提取方法应具有定位精度高、抗噪声能力强、不漏掉真实边缘和不虚报假边缘的性能，但是要完全达到这些要求有很大的困难，主要是定位精度与降噪能力之间的相互矛盾。具体表现在以下几点。

① 在图像的摄取、传输、存储过程中都不可避免地增加不同程度和不同性质的噪声，而噪声和边缘均属于图像的高频分量。若考虑噪声的影响，先通过平滑滤除噪声将会失去部分图像边缘信息，若增强边缘的高频分量将会增强该频度内的噪声，即很难较好地达到既能检测到边缘的准确位置，又能够抑制无关的细节和噪声的效果。

② 图像边缘往往存在于不同的尺度范围内，传统的边缘提取算子为单一尺度，不可能检测出所有正确的边缘。当所选取尺度较大时，抗噪声能力较好但边缘定位不够准确；当尺度较小时，边缘定位精确度提高，但抗噪声能力降低。所以合理选用不同尺度或多尺度方法对图像进行有效的边缘提取也是需要着重考虑的问题。

③ 图像边缘位置的确定和图像边缘的连续性问题。检测出的图像边缘的位置会根据算法的不同而不同，并且很多边缘并非单一像素宽，还会因为噪声的影响而导致边缘移位，为真实边缘的确定增加了难度。由于图像几何方面和光学方面的原因，主要是深度的不连续性、颜色和纹理的不同、表面反射、目标物体的阴影等，将致使检测出的边缘具有较低的

连续性。

因此,在图像边缘提取过程中,图像的边缘和噪声特性的变化是在不同的尺度空间范围内,清楚地检测到这种特性的变化,对于选择合适的提取方法意义重大,并且不能期望一种检测算子能检测出发生在图像上的所有特性变化,需要考虑多种方法的组合,先找出边缘,再提高边缘的定位精度。

5. 图像边缘提取性能的评价标准

一般来说,对边缘提取方法的有如下客观要求:
① 要能够检测出有效边缘;
② 要有高的边缘定位精度;
③ 检测的响应最好是单像素的;
④ 能够对不同尺度的边缘都有较好的响应且能尽量减少漏检;
⑤ 对噪声不敏感;
⑥ 检测的灵敏度受边缘方向的影响小。

第①、②两条要求主要是评价边缘检测算法的性能,第③、④条判定边缘定位和方向估计算法的性能,最后两条的要求是希望边缘提取算法偏离理想模型的误差范围尽可能地小。这些要求是存在相互矛盾的,使用一个边缘检测器很难达到完美的统一。在评价一个边缘检测器的性能时,主要考察假边缘概率、丢失边缘概率、边缘方向角估计误差、边缘估计值到真实边缘的距离平方值、畸变边缘及其他诸如角点或节点的误差范围等。对图像边缘提取性能的评价主要有主观和客观评价。

由于边缘提取算法的客观评价方法都有其局限性,并且无法证明其有效性,所以目前还是较多地通过人眼主观判断边缘提取方法的优劣性,主要是观察边缘连续性、边缘光滑性、边缘的细化程度、边缘的定位和定位精度等。

① 边缘的连续性。边缘的连续性要求提取结果的边缘是连续的,需要边缘提取算法受高频信号和噪声的影响小,因为这两者会导致边缘不连续。不连续的算法将会直接导致图像边缘断裂或是错误连接其他边缘,致使分割错误。

② 边缘的光滑性和细化程度。边缘的光滑性和细化程度是由算法本身的特性决定的:边缘的光滑性直接影响主观视觉,但后续处理的影响不大;边缘的细化程度即是提取到的图像边缘的宽度。评价图像边缘的这些方面需要使用多幅图像来评价以降低误判率。

③ 边缘的定位和定位精度。边缘的定位是考察边缘提取算法能否提取出目标物体的边缘,定位错误主要包括漏检和错检。边缘的定位精度考察的是提取出的边缘点与实际边缘点应在的位置的距离,是基于边缘已被定位在真实边缘附近的邻域中。

三、 任务完成

可以使用 GFOCUS 相机和计算机区别这两个物体,具体算法如图 2.3 - 3 所示。

图 2.3-3　任务完成流程图

如图 2.3-4 所示,在图像由 GFOCUS 相机输入到计算机后,首先进行图像增强,然后使用本小节讲述的边缘提取算法提取两个物体的边缘,最后通过分类和判断与识别后,就可以将最终的判断结果输出到使用者,从而实现两个物体的区别功能。

四、任务拓展

如图所示,左图为原始图像,右图为边缘提取后的图像。查找有关资料分析一下,右图是对左图使用哪种算子后实现的呢?

五、任务小结

边缘提取是很多高层次图像处理算法的重要基础。基本方法包括滤波法、微分法和边缘提取法。对于边缘提取的评价应注边缘的连续性、边缘的光滑性和细化度以及边缘的定位和定位精度。

任务四　图像配准

当将不同时间、不同传感器、不同视角及不同拍摄条件下获取的关于同一目标或背景的两幅图像进行匹配时,该如何做呢?

一、任务提出

(a) 行走图像1　　　　　　　　　　　(b) 行走图像2

图 2.4 – 1　行走图像

如图2.4-1所示，图(a)和图(b)中画圈的人你认为是同一个吗？如果认为是同一个人，我们可以使用哪些技术确保这种感觉是正确的呢？

二、任务信息

1. 什么是图像配准

图像配准是图像处理的一个基本问题，用于将不同时间、不同传感器、不同视角及不同拍摄条件下获取的两幅或多幅图像进行匹配，其最终目的在于建立两幅图像之间的对应关系，确定一幅图像与另一幅图像的几何变换关系式，用以纠正图像的形交。图像配准来源于多个领域的很多实际问题，如不同图像传感器获得的信息融合，不同时间、条件下获得图像的差异检测，成像系统和物体场景变化情况下获得的图像的三维信息获取，图像中的模式或目标识别等。

图像配准的应用领域概括起来主要有以下几个方面：

① 医学图像分析：肿瘤检测、白内障检测、CT、MRI、PET 图像结构信息融合、数字剪影血管造影术等；

② 遥感数据分析：分类、定位和识别多谱段的场景信息、自然资源监控、核生长监控、市区增长监控等；

③ 模式识别：目标物运动跟踪、序列图像分析、特征识别、签名检测等；

④ 计算机视觉：目标定位、自动质量检测等。

2. 图像配准技术的研究内容

图像配准的基本问题在于寻找一种图像转换的方式，用以协调多幅图像中由于不同情况而引起的图像的变化。例如，对于由照相机拍摄所获取的图像，旋转照相机拍摄、平移照相机拍摄和手持照相机拍摄所获得的连续图像之间会存在不同类别的图像信息的变化,这种图像变化形式的不同需要多种多样的图像配准技术。其中,医学图像分析、遥感数据处理、模式识别及计算机视觉是实际用途的主要应用领域。图像配准在应用上可以归为以下四类:

① 多模态配准,即对同一场景由不同传感方式获得的图像进行配准。它的典型应用场景为多传感器图像融合。方法特征是通常需要建立传感模型和变换模型,由于灰度属性或对比度可能有很大的差异,有时需要灰度的预配准,利用物体形状和一些基准标志可以简化问题。

② 模板配准,即在图像中为参考模板样式寻找最佳匹配。它的典型应用场景为在图像中识别和定位模板样式,如地图、物体、目标物等。它的方法特征是基于模式,预先选定特征、已知物体属性、高等级特征匹配。

③ 观察点配准,即对从不同观察点获得的图像进行配准。它的典型应用场景为深度或形状重建。方法特征是变形多为透视变换,常应用视觉几何和表面属性等的假设条件,典型的方案是特征相关,必须考虑阻挡问题。

④ 时间序列配准,即对同一场景上不同时间或不同条件下获得的图像进行配准。它的典型应用场景为检测和监视变化或增长。方法特征是需要容忍图像中部分内容的差异和形变对配准造成的影响,有时需要建立传感噪声和视点变换的模型。

图像配准具有非常广泛的方法论,这使得图像配准技术的分类和比较评判都非常困难。每一种配准技术通常是针对某一个具体的应用而设计的,而对于那些特定的应用问题来说,并没有哪一项技术是必须的和唯一的。它们之间唯一的共性就是每一个配准问题最终都是要在变换空间中寻找一种特定的最优变换,使得其中一幅图像变换后与另一幅图像达到某种意义上的匹配。

3. 图像配准的基础知识

对于不同的图像获取技术,其图像配准的方法往往是不同的。因此,当面对一个具体的图像配准问题时,首先需要了解图像的获取手段,然后理清图像的特性、失配的原因以及图像形变的类别,这是对一组图像进行正确配准的前提。

(1) 图像获取

图像的获取是图像处理系统的第一步。由于图像获取的方式不同会导致输入图像的不同,最终使用的图像配准方法也不同。对于照相机拍摄的图像,其获取方式主要由照相机拍摄时的运动状态所决定,在拍摄时,一般存在以下三种情况:照相机固定在三脚架上,旋转照相机进行拍摄;照相机放置在滑轨上,平行移动照相机进行拍摄;人手持照相机,站在原地进行拍摄或者沿着照相机的光轴垂直方向走动拍摄。

下面分别对这三种常用的拍摄情况作以简单的介绍。

① 旋转照相机进行拍摄。在这种情况下,放置照相机的三脚架在拍摄过程中一直处于同一位置。拍摄时,照相机绕垂直轴旋转,每旋转一定的角度拍摄一张照片,理想情况下,照相机不绕其光轴旋转。拍摄得到的一系列照片中的相邻两张必定有部分重叠,重叠区域大小是图像拼接最重要的影响因素,相邻图像之间重叠比例应该高于50%。重叠比例越大,拼接就越容易,但是需要的照片也就越多。旋转照相机拍摄由于照相机固定,因此不需要恢复过多参数,较容易实现。但是,由于拍摄图像不在一个平面上,往往需要投影到同一个平面上,这样会导致图像质量下降,解决这类问题的方法是使用短焦距镜头,即广角镜头。

② 平移照相机拍摄。平移照相机指的是照相机在一个平行于成像平面的方向上移动。在固定焦距的情况下,照相机放置在一个滑轨上进行移动拍摄。物体和照相机的距离远近,或者拍摄物体大小的变化都会影响到最后的配准结果。这种拍摄方法的缺点是拍摄的照片位于一个平面上,且拍摄条件比较苛刻。

③ 手持照相机进行拍摄。这种拍摄方法比较容易实现,手持照相机站在原地旋转拍摄,或者按一定的路线平行于对象进行拍摄。但是,配准手持照相机拍摄的照片是很困难的,因为在拍摄过程中,照相机的运动非常复杂。原地旋转拍摄类似于固定照相机旋转拍摄,但是角度控制、旋转控制都很差。沿一定路线移动时,类似于平移照相机拍摄,控制距离和保持相同的成像平面都很困难。为了减少这些影响,可以增加重叠比例,使照相机旋转角度、平移距离都减小,从而减小相邻图像之间的不连续程度。

这三种拍摄方法最常见的问题就是相邻图像之间光强的变化较大。理想情况下,相同的区域应该有相同的光强,但是因为光源变化或者照相机运动和光源平角的变化,导致图像相同区域之间具有光强的差异。另外一个和光条件相关的问题是反光区域,例如镜子和闪亮金属,高亮光将会降低相应区域的对比度。场景中物体移动和拍摄时透镜引起的图像变形也将给图像的配准带来困难。现有的方法一般限制了照相机的运动,但是实际中拍摄的图像存在小视差,不同比例的缩放和大角度旋转都增加了图像配准的难度,因此要求照相机以最小运动视差旋转拍摄。

(2) 图像配准的数学模型

定义两幅具有偏移关系(包括平移、旋转、缩放)的图像分别为参考图像和待配准图像,利用二维数组 $f_1(x,y)$ 和 $f_2(x,y)$ 表示图像相应位置处的灰度值,则两幅图像在数学上的变换关系为 $f_2(x,y) = g[f_1(h(x,y))]$,其中 h 表示二维空间坐标变换,g 表示灰度或辐射变换,描述因传感器类型不同或辐射变形所引入的图像变换。配准的目的就是要找出最佳的空间和几何变换参数。通常意义的配准只关心图像位置坐标的变换,灰度或辐射变换则可以归为图像预处理部分。

各种图像配准技术都需要建立自己的变换模型。变换空间的选取与图像的变形特性有关,图像的几何变换可分成全局、局部两类。全局变换对整幅图像都有效,通常涉及矩阵代数,典型的变换运算有平移、旋转和缩放;局部变换又称为弹性映射,它允许变换参数存在对空间的依赖性。对于局部变换,由于局部变换随图像像素位置变化而变化,变换规则不完全一致,需要进行分段小区域处理。

经常用到的图像变换主要有刚体变换、仿射变换、投影变换和非线性变换。它们所适应的变换类型如表 2.4-1 所列。

表 2.4-1 图像的变换模型(其中√代表满足条件)

	反转	旋转	平移	缩放	投影	扭曲
刚体变换	√	√	√			
仿射变换	√	√	√	√		
投影变换	√	√	√		√	
非线性变换	√	√	√	√	√	√

下面分别就这四种变换进行数学描述。

1) 刚体变换

如果第一幅图像中的两点之间的距离变换到第二幅图像后仍保持不变,则这样的变换称为刚体变换。刚体变换可分解为平移、旋转和反转。在二维空间中,点(x,y)经刚体变换到点(x',y')的变换公式为:

$$\begin{bmatrix} x' \\ y' \end{bmatrix} = \begin{bmatrix} \cos\varphi & \pm\sin\varphi \\ \sin\varphi & \mp\cos\varphi \end{bmatrix} \begin{bmatrix} x \\ y \end{bmatrix} + \begin{bmatrix} t_x \\ t_y \end{bmatrix} \quad (2.4-1)$$

其中φ为旋转角度,$\begin{bmatrix} t_x \\ t_y \end{bmatrix}$为平移量。

2) 仿射变换

如果第一幅图像中的一条直线经过变换后映射到第二幅图像上仍然为直线,并且保持平行关系,则这样的变换称为仿射变换。仿射变换可以分解为线性变换和平移变换。在二维空间中,点(x,y)经仿射变换到点(x',y')的变换公式为:

$$\begin{bmatrix} x' \\ y' \end{bmatrix} = \begin{bmatrix} a_{11} & a_{12} \\ a_{21} & a_{22} \end{bmatrix} \begin{bmatrix} x \\ y \end{bmatrix} + \begin{bmatrix} t_x \\ t_y \end{bmatrix} \quad (2.4-2)$$

3) 投影变换

如果第一幅图像中的一条直线经过变换后映射到第二幅图像上仍然为直线,但平行关系基本不保持,则这样的变换称为投影变换。投影变换可用高维空间上的线性变换来表示。在高维空间中,点(x,y)经投影变换到点(x',y')的变换公式为:

$$\begin{bmatrix} x' \\ y' \end{bmatrix} = \begin{bmatrix} a_{11} & a_{12} & a_{13} \\ a_{21} & a_{22} & a_{23} \end{bmatrix} \begin{bmatrix} x \\ y \end{bmatrix} \quad (2.4-3)$$

4) 非线性变换

如果第一幅图像中的一条直线经过变换后映射到第二幅图像上不再是直线,则这样的变换称为非线性变换。在二维空间中,点(x,y)经投影变换到点(x',y')的变换公式为:

$$(x', y') = F(x, y) \quad (2.4-4)$$

其中,F表示把第一幅图像映射到第二幅图像上任意一种函数形式。典型的非线性变换如多项式变换,在二维空间中,多项式函数可写成如下形式:

$$\begin{aligned} x' &= a_{00} + a_{10}x + a_{01}y + a_{20}x^2 + a_{11}xy + a_{02}y^2 + \cdots \\ y' &= b_{00} + b_{10}x + b_{01}y + b_{20}x^2 + b_{11}xy + b_{02}y^2 + \cdots \end{aligned} \quad (2.4-5)$$

非线性变换比较适合于那些具有全局性形变的图像配准问题,以及整体近似刚体但局部有形变的配准情况。

4. 常用图像配准技术研究

总的来说,可以将图像配准方法大致分为三类。

① 基于像素的图像配准方法。这类方法根据配准图像的某种相关度量,即协方差矩阵或相关系数,或者通过傅里叶变换等关系式来计算配准参数。最常见也最精确的方法就是最小二乘匹配算法,该算法在基于图像灰度的基础上,顾及图像目标窗口和相关窗口几何变形和辐

射畸变的影响,使相关的精度达到子像元等级。

② 基于特征的图像配准方法。这类方法是根据需要配准图像的重要和相同的特征之间的几何关系来确定配准参数,因此这类方法首先需要提取特征,如边缘、角点、线、曲率等,然后建立特征点集之间的对应关系,寻找对应的特征点对,由此求出配准参数。基于特征的图像配准方法具有较高的可靠性,但配准的精度低于基于灰度的最小二乘图像配准方法。

③ 基于对图像的理解和解释的配准方法。这种方法不仅能自动识别相应的像点,而且还可以由计算机自动识别各种目标的性质和相互关系,具有较高的可靠性和精度。这种基于理解和解释的图像配准方法涉及诸如计算机视觉、模式识别、人工智能等众多领域,不仅依赖于理论上的突破,而且还有待于高速度并行处理计算机的研制。因此,目前这种基于对图像理解和解释的配准方法还没有较为明显的进展。

在这三种图像配准方法中,前两种方法是全局图像配准技术,对应于全局几何变换,这两类方法通常需要假设图像中的对象仅仅是刚性的改变位置、姿态和刻度,改变的原因往往是由照相机运动引起的。基于灰度的图像配准方法必须考虑匹配点邻域的灰度,故配准时计算量大、速度较慢;基于特征的配准方法由于提取了图像的显著特征,大大压缩了图像信息的数据量,同时较好地保持了图像的位移、旋转、比例方面的特征,故配准时计算量小,速度较快,但其配准精度往往低于基于灰度的图像配准方法。因此,在实际的应用当中,通常希望将这两种方法结合起来,既利用了基于特征的配准技术较高的可靠性和快速性,又利用了基于灰度的配准技术的高精度性。下面详细介绍常用的图像配准方法。

(1) 基于灰度信息的图像配准方法

基于灰度信息的图像配准方法是利用两幅图像的某种统计信息作为相似性判别标准,采用适当的搜索算法得到令相似性判别标准最大化的图像转换形式,以达到图像配准的目的。这是最早发展出来的图像配准技术,其使用的图像全局统计信息多是基于像素灰度得来的。这种方法的主要特点是实现比较简单,但应用范围较窄,不能直接用于校正图像的非线性形变,而且在最优变换的搜索过程中往往需要巨大的运算量。

交叉相关法是最基本的基于灰度统计的图像配准方法,它通常被用来进行模板匹配和模式识别。对于一幅图像 $f(x,y)$ 和相对于图像较小尺度的模板,归一化二维交叉相关函数 $C(u,v)$ 表示了模板在图像上每一个位移位置的相似程度:

$$C(u,v) = \frac{\sum_x \sum_y T(x,y) f(x-u, y-v)}{\left[\sum_x \sum_y f^2(x-u, y-v)\right]^{\frac{1}{2}}} \quad (2.4-6)$$

如果除了一个灰度比例因子外,模板和图像在位移 (i,j) 处恰当匹配时,交叉相关函数会在 $C(i,j)$ 出现峰值。需要注意的是交叉相关函数必须归一化,否则局部图像灰度将影响相似度的度量。

一个类似的准则,称为相关系数,在某些情况下会具有更好的效果,其形式如下:

$$\frac{coraviance(f,T)}{\delta_f \delta_T} = \frac{\sum_x \sum_y [T(x,y) - \mu_T][f(x,y) - \mu_f]}{\left[\sum_x \sum_y [f(x,y) - \mu_f]^2 \sum_x \sum_y [T(x,y) - \mu_T]^2\right]^{\frac{1}{2}}}$$

$$(2.4-7)$$

其中 μ_T 和 δ_T 分别是样本 T 的均值和方差，μ_f 和 δ_f 分别是样本 f 的均值和方差，并假设 T 和 f 同大小。相关系数的特点是在一个绝对尺度 $[-1,1]$ 内度量相关性，并在适当的假设下，相关系数的值与两幅图像间的相似性呈线性关系。根据卷积原理，相关度可以通过快速傅里叶变换计算，使得大尺度图像相关的计算效率大大地提高。

直接利用灰度相关或误差信息作为相似性准则的配准方法均存在对图像灰度变化比较敏感的缺点，利用其他基于灰度的统计信息作图像配准可适用于那些图像间有明显灰度差异的配准技术。

基于交互信息原理的图像配准技术是利用灰度统计信息的方法之一，这类方法利用交互信息的相似性作为配准原则。交互信息的概念首先于 1948 年在香农的信息论理论中被提出，其表达式如下：

$$I(a,b) = H(a) + H(b) - H(a,b) \tag{2.4-8}$$

其中 $H(a)$ 和 $H(b)$ 分别代表 A 和 B 的个体熵，$H(a,b)$ 代表二者的联合熵，其意义与信息论中相同。交互信息代表了两幅图像的统计依赖性，作为图像间相似性的量度大量应用于医学图像的配准中。

由于以上方法均是在全局作相似性度量，对高分辨率大尺度图像，相似性度量的计算量也相应增大，应用这些方法的必要条件是有对应的搜索策略以减少计算量。最常用的方法是称为金字塔法的由粗到精的迭代搜索算法，它将分辨率较高的图像分解为分辨率较低的图像，从而减少搜索数据量，再由低分辨率图像的搜索结果作为下一步搜索过程的初始值，利用迭代逐步提高分辨率直到得到原分辨率图像的搜索结果。

基于全局统计信息的图像配准方法具有对噪声较敏感的缺点，而这一缺点在基于变换域的方法中可以得到一定程度的缓解。

(2) 基于变换域的图像配准方法

在基于变换域的图像配准方法中，最主要的方法就是傅氏变换方法。图像的平移、旋转、镜像和缩放等变换在傅氏交换域都有相应的体现。利用变换域方法还有可能获得一定程度的抵抗噪声的鲁棒性。另外，傅氏变换方法由于有成熟的快速算法并且易于硬件实现，因而在算法实现上也具有独特的优势。

(3) 基于特征的图像配准方法

基于特征的方法是图像配准中最常见的方法，对于不同特性的图像，选择图像中容易提取并且能够在一定程度上代表待配准图像相似性的特征作为配准依据。基于特征的方法在图像配准方法中具有最强的适应性，而根据特征选择和特征匹配方法的不同所衍生出的具体配准方法也是最多种多样的。

基于特征的方法作图像配准一般分为三个步骤：

① 特征提取：根据图像性质提取适用于该图像配准的几何或灰度特征；

② 特征匹配：根据特征匹配准则，寻找两幅待配准图像中对应的特征，排除没有对应的特征；

③ 图像转换：根据所求得的图像转换参数，将其带入符合图像形变性质的图像转换式，用以最终配准两幅图像。

在常用的图像特征信息中，点特征是最常用到的。最简单的配准方法即人工选取图像上一系列同名控制点对,带入多项式以得到图像的转换参数。人工选点的方法具有错误率低、灵活性高、适应性好的特点,但在大量数据处理的应用中要耗费巨大的人力。一般的自动点匹配算法利用图像的固有性质如角点、边缘、形状、封闭区域的重心等获得控制点,而同名控制点间的对应方法包括聚类法、松弛法等。对这类点特征的配准方法,同名控制点匹配是其中的难点,以上方法对控制点的性质都有较苛刻的要求,因而应用范围也受到一定程度的限制。

随着小波理论的提出和研究的不断深入,小波变换被广泛应用于许多实际领域中。在图像配准领域中出现了采用小波变换的性质处理控制点提取以及同名控制点匹配的技术。控制点的选择采用小波分解中的度量性质如小波变换模数、局部最大能量量度作为依据,而在同名控制点的对应过程中,可采用互相关系数等局部灰度准则作为控制点间相似性的量度。由于小波分解的性质,控制点提取及对应可由低分辨率向高分辨率逐级迭代进行,从而减小运算量并达到较高的配准精度。

除直接利用单个点之间的性质作为控制点匹配外,利用临近点构成的点集的性质作为匹配的技术也适用于某些特殊应用。使用角点集的凸壳概念来解决仿射变换下的图像配准和场景拼接问题。该方法为图像中抽取的离散点集包括角点、顶点、交叉点等。这些离散点集构成的凸壳定义了一组仿射不变量,凸壳上四个连续的不共线顶点之间通过连线可以得到四个三角形,仿射不变量就是通过这些三角形的面积关系建立的。由于这些不变量是由局部点集得到的,因此该方法可解决有一定程度遮挡的目标辨认问题。用这些不变量建立待配准图像中分别提取的凸壳的顶点对应问题,可以达到图像配准的目的。但这种方法要求图像具有较简单的场景以便于提取特征轮廓,因此适用范围较窄。

近几十年来,随着图像分割、边缘检测等技术的发展,基于边缘、轮廓和区域的图像配准方法逐渐成为配准领域的研究热点。图像分割和边缘检测技术是这类方法的基础,目前已报道有很多图像分割方法可以用来做图像配准需要的边缘轮廓和区域的检测,比如拉普拉斯—高斯算子、动态阈值技术和区域增长等。尽管方法很多且各具特点,但并没有任何一种方法对所有种类的图像都能获得最佳效果,大多数的分割技术都是依赖于图像本身的。

利用边缘检测和边缘匹配作为不同传感器和不同波段图像的配准,其中采用链式编码准则提取图像中地物的边缘,采用五种形状特性作为相似性原则对应闭合边缘,对非闭合边缘则提取角点作点匹配。这一利用边缘作为特征的方法对待匹配图像间的灰度差异不敏感,但同时要求图像本身有较明显的边缘特征,并易于边缘提取。

应用区域分割的方法来配准图像,利用适当的分割算法,在图像中提取出尽量多的独立闭合边界区域,通过区域边界优化算法使两幅图像中相对应的闭合区域具有更好的相似性,并利用闭合区域的重心作为控制点,得到子像素级的配准精度。

基于图像中结构的相似性提出的图像配准方法,利用一系列结构的属性及关系匹配待配准图像中对应的结构,再从匹配的结构中得到控制点,用于图像转换参数的估计。这种方法可用于缩放系数较大的图像配准,但只对图像中有明显整体地物场景的图像配准具有较好的效果。

在基于特征的图像配准技术中,特征的选择与同名特征的对应效果是影响配准效果的关键因素。特征的选择利用待配准图像本身的性质,或者说具体的基于特征的方法只适用于具体的应用,对不同应用如何选取和匹配恰当的特征以用于配准工作是这类问题的研究重点。

三、任务完成

可以使用图像配准的方法验证图像是否一致,具体包括基于灰度信息的图像配准方法、基于变换域的图像配准方法和基于特征的图像配准方法。

四、任务拓展

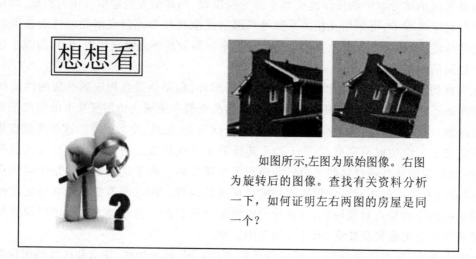

如图所示,左图为原始图像。右图为旋转后的图像。查找有关资料分析一下,如何证明左右两图的房屋是同一个?

五、任务小结

对于不同类型的输入图像,其配准的方法是不同的,图像配准的方法依赖于输入图像信息本身。图像配准方法可以分成三类,使用时要注意每种方法的使用场景。

六、思考与练习

① 什么是图像增强技术?
② 是什么导致图像质量变差?按照产生的原因,包括几种?
③ 按照图像增强技术进行的空间不同,图像增强可以分为几类?分别是什么?
④ 高通滤波器、低通滤波器、带通滤波器、带阻滤波器的传递函数分别是什么?
⑤ 小波变换的哪些特点使它适用于去除图像噪声?
⑥ 图像分割的意义是什么?
⑦ 图像分割的算法有哪些?

⑧ 阈值化分割算法主要有几个步骤？分别是什么？
⑨ 哪些原因可能导致区域生长算法的分割效果较差？
⑩ 基于目标几何和统计模型的分割算法有哪些优点和缺点？分别是什么？
⑪ 图像边缘类型有哪两种？
⑫ 图像的边缘提取一般由几方面内容构成？分别是什么？
⑬ 图像边缘提取的难点有哪些？
⑭ 如何评价一个图像边缘提取算法的性能？
⑮ 什么是图像配准？
⑯ 图像配准在应用上可以划分为哪几类？分别是什么？
⑰ 图像获取时，根据拍摄情况的不同，一般可以分为哪三种？

项目三 机器人内部传感器

图 3.0-1 工业机器人示意图

  工业机器人的准确操作取决于对自身状态、操作对象及作业环境的准确认识。这种认识通过传感器的感觉功能实现。机器人自身状态信息如位置、位移量、速度、角速度、加速度、姿态、方向、倾角等,是通过内部信息传感器获取信息来完成的,并为机器人控制提供反馈信息,实现机器人对运动部件的控制与自我保护。用到的内部传感器包括光电编码器(直线式和旋转式)、加速度计、陀螺仪、倾角传感器等。本项目主要针对机器人中常用的光电编码器、应变片加速度传感器、伺服加速度传感器、压电感应加速度传感器、陀螺仪进行翔实的介绍。图 3.0-1 为工业机器人示意图。

任务一　机器人位移与速度的测量

一、任务提出

在工业机器人运动中,每个轴均需对角位移实现精确的控制,每个轴的实时位置均需反馈到控制器中,机器人的每个轴驱动电机末端均安装有编码器,工业机器人光电编码器示意图如图3.1-1所示。现市场上绝大多数工业机器人均安装的是旋转光电编码器,俗称"码盘"。用以实现位移及速度测量的编码器有多种,可分为光电式、磁场式、感应式和电容式,其中以光电编码器的应用最为广泛。

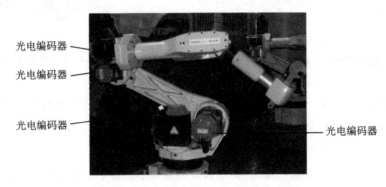

图3.1-1　工业机器人光电编码器示意图

如图3.1-1所示,机械手中使用了光电编码器,光电编码器的作用是什么呢?

二、任务信息

1. 什么是光电编码器

光电编码器是利用光电效应原理,将角度、位置、转速等物理量转化为电气信号并加以输出的一种传感器。它是一种将位移转换成一串数字脉冲信号的旋转式传感器,这些脉冲能用来控制角位移,如果编码器与齿轮条或螺旋丝杠结合在一起,也可用于测量直线位移。编码器产生的电信号可由数字控制装置 CNC、可编程逻辑控制器 PLC 及其他嵌入式控制系统等来处理。

光电编码器是由光源、光栅码盘、光学系统及电路四部分组成。光栅码盘是在一定直径的圆板上等分地开通若干个长方形孔。由于光电码盘与电动机同轴,电动机旋转时,光栅盘与电动机同速旋转,经发光二极管等电子元件组成的检测装置检测输出若干脉冲信号。通过计算每秒光电编码器输出脉冲的个数就能反映当前电动机的转速。

编码器码盘的材料有玻璃、金属、塑料。玻璃码盘是在玻璃上沉积很薄的刻线,其热稳定性好、精度高。金属码盘直接以通和不通刻线,不易碎,但由于金属有一定的厚度,精度就有限制,其热稳定性就要比玻璃的差一个数量级。塑料码盘是经济型的,其成本低,但精度、热稳定性、寿命均要差一些。光电编码器的外形图如图3.1-2所示。

2. 光电编码器的分类

编码器可按以下方式来分类。

(1) 按码盘刻孔方式分类

① 增量型,即每转过单位的角度就发出一个脉冲信号,然后对其进行细分,斩波出频率更高的脉冲,通常为A相、B相、Z相输出。A相、B相为相互延迟1/4周期的脉冲输出,根据延迟关系可以区别正反转,通过取A相、B相的上升和下降沿可以进行2或4倍频;Z相为单圈脉冲,即每圈发出一个脉冲。

图3.1-2 光电编码器

② 绝对值型,即对应一圈,每个基准的角度发出一个唯一与该角度对应二进制的数值,通过外部记圈器件可以进行多个位置的记录和测量。

(2) 按信号输出类型分类

按信号输出类型可分为电压输出、集电极开路输出、推拉互补输出和长线驱动输出。

(3) 按编码器机械安装形式分类

① 有轴型:有轴型又可分为夹紧法兰型、同步法兰型和伺服安装型等。

② 轴套型:轴套型又可分为半空型、全空型和大口径型等。

(4) 按编码器工作原理分类

按编码器工作原理可分为光电式、磁电式和触点电刷式。

3. 光电编码器的工作原理

(1) 增量式光电编码器

增量式光电编码器是光电编码器的一种,其主要工作原理也是光电转换,将位移转换成周期性的电信号,再把这个电信号转变成计数脉冲,用脉冲的个数表示位移的大小。

增量式光电编码器主要由光源、码盘、光栅板、光敏元件和信号处理装置组成,如图3.1-3所示。码盘上刻有节距相等的辐射状透光缝隙,相邻两个缝隙之间代表一个增量,周期光栅板上刻有A、B两组与码盘相对应的透光缝隙,用以通过或阻挡光源和光敏元件之间的光线。它们的节距和码盘上的节距相等,并且两组透光缝隙错开1/4节距,使得光敏元件输出的信号在相位上相差90°电度角。当码盘随着被测转轴转动时,光栅板不动,光线透过码盘和光栅板上的透过缝隙照射到光敏元件上,光敏元进就输出两组相位相差90°电度角的近似于正弦波的电信号,电信号经过信号处理装置,可以得到A、B两相互差90°电度角的脉冲信号,即所谓的两组正交输出信号,从而可方便地判断出旋转方向。同时还有 Z 相用作参考零位标志,输出脉冲信号,码盘每旋转一周,只发出一个标志信号。标志脉冲通常用来指示机械位置或对积累量清零。增量式光电编码器输出信号波形如图 3.1-4 所示。

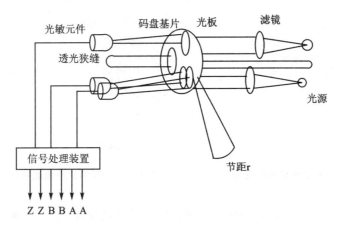

图 3.1-3 增量式光电编码器及光栅码盘

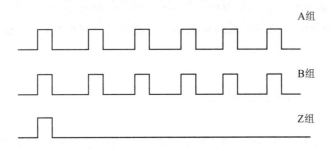

图 3.1-4 增量式光电编码器输出信号波形

编码器的分辨率是指编码器以每旋转 360°提供多少条通或暗刻线来定义,也称解析分度或直接称多少线,一般每旋转一圈为 5～10 000 线。

增量值编码器以转动时输出脉冲,通过计数设备来计算其位置,当编码器不动或停电时,依靠计数设备的内部记忆来记住位置。当停电后,编码器不能有任何的移动,当来电工作时,编码器输出脉冲过程中,也可能有干扰而丢失脉冲,不然计数设备计算并记忆的零点就会偏移,而且这种偏移的量是无从知道的,只有错误的结果出现后才能知道。解决的方法是增加参考点,编码器每经过参考点,将参考位置修正进计数设备的记忆位置。在参考点以前但不能保证位置准确性的,在工业控制中就有每次操作先找参考点、开机找零等方法。

(2) 绝对式光电编码器

绝对式光电编码器是依照光学和光电原理制成的器件。它由光源、码盘、光学系统及电路四部分组成,如图 3.1-5 所示。码盘是在不透明的基底上按二进制码制成透明区图案,相当于接触编码器的导电区和不导电区。光线通过码盘由光电元件转换成相应的电信号。绝对式光电编码器主要工作原理为光电转换,其输出的是数字量。

绝对式编码器的码盘上有若干同心码道,每条码道由透光和不透光的扇形区间交叉构成,码道数就是其所在码盘的二进制数码位数,码盘的两侧分别是光源和光敏元件,码盘位置的不同会导致光敏元件受光情况不同,进而输出二进制数不同,因此可通过输出二进制数来判断码盘位置。绝对式光电编码器示意图如图3.1-6所示。

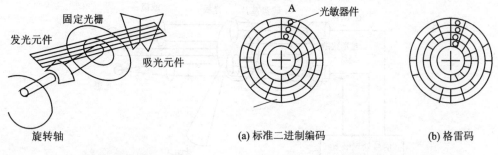

图3.1-5 绝对式光电编码器示意图　　　　图3.1-6 绝对式光电编码器码盘示意图

绝对式编码器的每一个位置对应一个确定的数字码,它的示值只与测量的起始和终止位置有关,而与测量的中间过程无关。其位置是由输出代码的读数确定,如标准二进制编码、格雷码、循环码、二进制补码等。当电源断开时,绝对型编码器并不与实际的位置分离,重新上电时,位置读数仍是当前的。绝对式编码器能够直接进行数字量的输出,其输出的位数就是码盘码道数量。

绝对式编码器的特点是:

① 可以直接读出角度坐标的绝对值;

② 没有累积误差;

③ 电源切除后位置信息不会丢失,但是分辨率是由二进制的位数来决定的,也就是说精度取决于位数,目前有10位、14位等多种。

旋转单圈绝对值编码器在转动中测量光电码盘各道刻线,以获取唯一的编码。当转动超过360°时,编码又回到原点,不符合绝对编码唯一的原则,因此,这样的编码只能用于旋转范围360°以内的测量,称为单圈绝对值编码器。如果要测量旋转超过360°范围的,就要用到多圈绝对值编码器。编码器生产厂家运用钟表齿轮机械的原理,当中心码盘旋转时,通过齿轮传动另一组码盘(或多组齿轮,多组码盘),在单圈编码的基础上再增加圈数的编码,以扩大编码器的测量范围,这样的绝对编码器就称为多圈式绝对编码器。它同样是由机械位置确定编码,每个位置编码唯一、不重复,因而无须记忆。多圈编码器另一个优点是由于测量范围大,实际使用往往富裕较多,这样在安装时不必费劲找零点,将某一中间位置作为起始点就可以了,大大简化了安装调试难度。

(3) 两种光电编码器的比较

增量式光电编码器的优点是:原理构造简单、易于实现;机械平均寿命长,可达到几万小时以上;分辨率高;抗干扰能力较强,信号传输距离较长,可靠性较高。其缺点是它无法直接读出转动轴的绝对位置信息,由于采用相对编码,掉电后旋转角度数据会丢失,需要重新复位。

绝对式编码器在一个检测周期内对不同的角度有不同的格雷码编码,因此编码器输出的位置数据是唯一的。因使用机械连接的方式,在掉电时编码器的位置不会改变,上电后立即可以取得当前位置数据。绝对式编码器检测到的数据为格雷码,不存在模拟量信号的检测误差问题。表 3.1-1 所列为两种编码器的优缺点比较。

表 3.1-1 两种编码器优缺点比较

	相对编码器	绝对编码器
功 能	可测量位置和速度	只能测量速度
信息处理	信息处理复杂、需要方向辨别电路	码盘与位置一一对应,信息处理简单,无需方向处理电路
抗干扰能力	弱	强
加工	易	难
体积	小	大
价格	低	高

4. 光电编码器的选用

常用的编码器为增量式光电编码器,如果对位置、零位有严格的要求就需要选用绝对式编码器。绝对式编码器结构复杂,价格稍贵,其单圈从经济型 8 位到高精度 20 位或更高,价格不等;其输出有 SSI、总线 Profibus-DP、CAN、Device-Net,通常是串行数据输出。

光电编码器选用基本要点:

① 选择分辨率;

② 确定输出相为 A 相、AB 相或 ABZ 相;

③ 输出信号为电压型可直接接入控制器,通常 A、B、Z 相三根线和电源两根线,与控制器电源共地;集电极开路型(NPN 型、PNP 型输出)输出,比如 NPN 型通常需要接上拉电阻才能得到脉冲信号;长线驱动也称差分长线驱动,5V,TTL 的正负波形呈对称形式,由于其正负电流方向相反,对外电磁场抵消,故抗干扰能力较强。普通型编码器一般传输距离是 100m,如果是 24V HTL 型且有对称负信号的,传输距离可达 300~400m。

④ 供应电源:DC5V、12V、24V 等,注意不要接错电源,从而避免损坏编码器的信号端。

⑤ 外形及机械安装尺寸:单轴心型、中空孔型、双轴心型,定位止口,轴径、电缆出线方式、工作环境防护等级是否满足要求。

三、任务完成

机械手通过光电编码器测量各关节及手臂的角位移和线位移,以控制各关节角位移变化量来实现末端执行器既定的运动,运用运动仿真分析后,用精确的关节角数据对机械手执行的工作任务进行控制,使得关节机械手能够精准地完成各种操作。

四、任务拓展

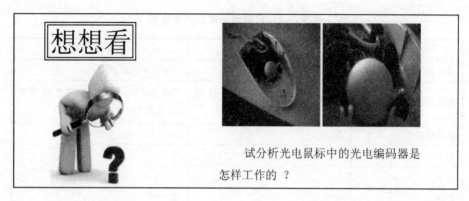

试分析光电鼠标中的光电编码器是怎样工作的？

五、任务小结

绝对式编码器与增量式编码器的不同之处在于圆盘上透光、不透光的线条图形，绝对编码器可有若干不同的编码方法，根据读出码盘上的编码，检测绝对位置。

任务二　机器人中加速度传感器的应用

一、任务提出

图 3.2 – 1　机器手臂示意图

项目三 机器人内部传感器

 如图3.2-1所示，美国一名科学家丹·贝克尔研制出了一种机械手臂，使士兵射击命中率大大提高。这款名为Maxfas的机械手臂嵌着加速度传感器和陀螺仪，请思考加速度传感器的工作原理，这款机械手臂是怎样帮助士兵提高射击命中率的呢？

二、任务信息

随着机器人的高速比、高精度化，机器人的振动问题提上日程。为了解决振动问题，需要在机器人的运动手臂等位置安装加速度传感器，测量振动加速度，并把它反馈到驱动器上。

加速度传感器是一种利用感受加速度并将其转换为电信号的方式来测量加速力的电子设备。加速力就是物体在加速过程中作用在物体上的力，如同地球引力，也就是重力。在机械手臂中，通过倾斜角的测量可以得知机械手臂姿态的变化和振动情况。加速度传感器可以帮助机器人了解它现在身处的环境和自身状态。此外，加速度传感器还应用在控制，手柄振动和摇晃，仪器仪表，汽车制动启动检测，地震检测，报警系统，玩具，结构物、环境监视，工程测振，地质勘探，铁路、桥梁、大坝的振动测试与分析，鼠标，高层建筑结构动态特性和安全保卫振动侦察上。

1. 什么是加速度传感器

根据牛顿第二定律 $A=F/M$，即：加速度＝力/质量，只需测量作用力 F 就可以得到已知质量的物体的加速度。加速度传感器是通过作用力造成传感器内部敏感部件发生变形，通过测量其变形并用相关电路转化成电压输出，得到相应加速度信号的一种传感器。对于行走类机器人，加速度传感器可以采集机器人的运动状态，使控制器得知机器人此刻所处的环境。机器人是在爬山还是在走下坡？这些状态均可以通过加速度传感器采集。对于飞行类的机器人，飞行器的控制姿态也离不开加速度传感器信号的采集。图3.2－2所示为加速度传感器外形图。

2. 加速度传感器的分类

加速度传感器按原理的不同可分为线加速度计和角加速度计两种。根据加速度传感器内部敏感元件的不同，可分为应变式加速度传感器、压电式加速度传感器、电容式加速度传感器和伺服式加速度传感器。压电式加速度传感器具有测量频率范围宽、量程大、体积小、重量轻、对被测件的影响小以及安装使用方便等特点，因而成为最常用的加速度传感器。加速度传感器的主要技术指标有：量程、灵敏度、带宽等。

图 3.2－2 加速度传感器

加速度传感器的测量量程是指传感器在一定的非线性误差范围内所能测量的最大测量值。通用型压电加速度传感器的非线性误差大多为 1%。根据一般原则，灵敏度越高，其测量范围越小，反之，灵敏度越小则测量范围越大。

加速度传感器的灵敏度是传感器的最基本指标。灵敏度的大小直接影响传感器对振动信号的测量。传感器的灵敏度应根据被测振动量（加速度值）大小而定，但由于压电加速度传感器是测量振动的加速度值，而在相同的位移幅值条件下加速度值与信号的频率平方成正比，所以不同频段的加速度信号大小相差较大。

传感器的带宽是指在规定的频率响应幅值误差内（±5%，±10%，±3dB）传感器所能测量的频率范围。频率范围的高、低限分别称为高、低频截止频率。截止频率与误差直接相关，所允许的误差范围大则其频率范围也就宽。根据一般原则，传感器的高频响应取决于传感器的机械特性，而低频响应则由传感器和后继电路的综合电参数所决定。

3. 加速度传感器的工作原理

(1) 应变片加速度传感器的工作原理

应变片式加速度传感器由应变片、质量块、等强度悬臂梁和基座组成。悬臂梁一端固定在传感器的基座上，梁的自由端固定在质量块 m 上，在梁的根部附近粘贴 4 个性能相同的应变片，上下表面的对称位置上各贴两个，同时把应变片接成差分电桥，将获得最佳测量性能。应片式加速度传感器工作原理框图如图 3.2-3 所示。

测量时，基座固定在被测对象上，当被测对象以加速度 a 运动时，质量块受到一个与加速度方向一致的惯性力而使弹性梁变形，其中两个应变片感受拉伸应变，电阻增大，另外两个应变片感受挤压应变，电阻减小。通过四臂感受电桥将电阻变化转换成电压变化，且电桥输出电压与加速度呈线性关系，从而通过检测电桥输出电压，实现对惯性力的测量，即实现对加速度的测量。

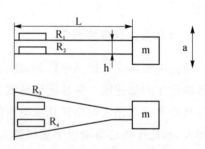

图 3.2-3　应变片加速度传感器工作原理

电桥输出电压与加速度的关系可表示为：

$$U_0 = -\frac{6U_i^2 L K_m}{Ebh^2}a \qquad (3.2-1)$$

式中 L 为梁的长度；K 为应变片的灵敏系数；b 为梁的根部宽度，h 为梁的厚度；E 为梁的弹性模量；m 为质量块的质量；a 为被测加速度；U_0 为差分电桥输出电压；U_i 为电桥激励电压。从上式可以看出，电桥输出电压与被测加速度呈线性关系。这种加速度测量可用于常值低频加速度，不宜用于测量高频以及冲击和随机振动等。

(2) 压电式加速度传感器原理

压电式加速度传感器又称压电加速度计，也属于惯性式传感器。它是利用某些物质如石英晶体的压电效应，在加速度计受振时，质量块加在压电元件上的力也随之变化。当被测振动频率远低于加速度计的固有频率时，则力的变化与被测加速度成正比。

常用的压电式加速度计的结构形式如图 3.2-4 所示。S 是弹簧，M 是质块，B 是基座，P 是压电元件，R 是夹持环。图 3.2-4(a)所示为中央安装压缩型，压电元件—质量块—弹簧系

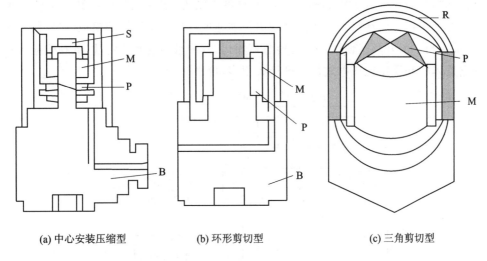

(a) 中心安装压缩型　　　　(b) 环形剪切型　　　　(c) 三角剪切型

图 3.2-4　压电式加速度传感器工作原理

统装在圆形中心支柱上,支柱与基座连接。这种结构有高的共振频率。然而基座 B 与测试对象连接时,如果基座 B 有变形则将直接影响拾振器输出。此外,测试对象和环境温度变化将影响压电元件,并使预紧力发生变化,易引起温度漂移。图 3.2-4(b)所示为环形剪切型,结构简单,能做成极小型的高共振频率的加速度计,环形质量块粘到安装在中心支柱上的环形压电元件上。由于黏结剂会随温度增高而变软,因此最高工作温度受到限制。图 3.2-4(c)所示为三角剪切形,压电元件由夹持环将其夹牢在三角形中心柱上。加速度计感受轴向振动时,压电元件承受切应力。这种结构对底座变形和温度变化有极好的隔离作用,具有较高的共振频率和良好的线性。

(3) 电容式加速度传感器

电容式加速度传感器的结构形式一般也采用弹簧质量系统。当质量受加速度作用运动时,改变质量块与固定电极之间的间隙,进而使电容值变化。电容式加速度计与其他类型的加速度传感器相比具有灵敏度高、零频响应、环境适应性好等特点,尤其是受温度的影响比较小;但不足之处表现在信号的输入与输出为非线性、量程有限、受电缆的电容影响,以及电容传感器本身是高阻抗信号源。因此,电容传感器的输出信号往往需通过后继电路给予改善。在实际应用中,电容式加速度传感器较多地用于低频测量,其通用性不如压电式加速度传感器,且成本也比压电式加速度传感器高得多。

(4) 伺服式加速度传感器原理

伺服式加速度传感器是由惯性式加速度计和电伺服回路组成的闭环式加速度测量装置。其主要由质量块、弹簧、电磁线圈、永久磁铁、位移传感器、伺服放大器、壳体等部分组成。图 3.2-5 所示为伺服加速度传感器结构示意图。

伺服式加速度传感器工作于闭环状态下,由非接触位移传感器、力矩马达、误差和放大电路、反馈电路、悬臂质量块五部分组成。当被测振动物体通过加速度计壳体有加速度输入时,质量块偏离静平衡位置,位移传感器检测出位移信号,经伺服放大器放大后输出电流。该电流流过电磁线圈，从而在永久磁铁的磁场中产生电磁恢复力，迫使质量块回到原来的静平衡位置，即加速度计工作在闭环状态。传感器输出与加速度计成一定比例的模拟信号，与加速度值成正比关系。与一般开环式惯性加速度传感器相比，其测量精度和稳定性、低频响应等都得到提高，缺点是体积和质量比压电式加速度计大很多，价格昂贵。

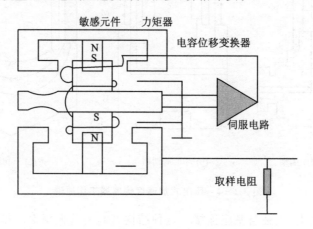

图 3.2－5　伺服加速度传感器示意图

三、任务完成

这款名为 Maxfas 的机械手臂上连接有发动机和电源。在使用时，射击者的前臂上部安装有嵌着加速度传感器和陀螺仪的骨架，用以感知射击者手部的细微颤动，将数据传送到芯片后，大大减少手臂颤抖，从而提高射击精度。即使射击者不再使用机械手臂，他们的射击命中率仍将有所改善。

四、任务拓展

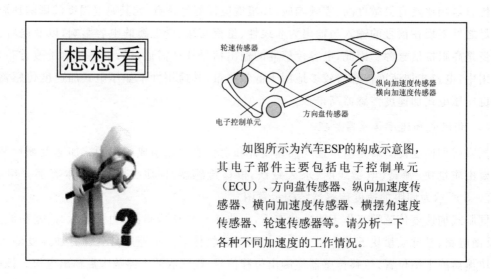

如图所示为汽车 ESP 的构成示意图，其电子部件主要包括电子控制单元（ECU）、方向盘传感器、纵向加速度传感器、横向加速度传感器、横摆角速度传感器、轮速传感器等。请分析一下各种不同加速度的工作情况。

五、任务小结

由于机械手臂具有轻型柔性的结构,它所激发的弹性振动严重地影响了机械手的定位和跟踪控制,如何消除柔性振动是人们所关注的问题。利用传感器测量的振动信息构成反馈回路来抑制柔性振动是一条可行的途径。测量振动信息的传感器采用应变片式加速度传感器,用应变片构成的应变率反馈对消除柔性振动有明显的效果。加速度传感器通常安装在柔性机械手臂的前端,柔性机械手在高速运动过程中,加速度传感器检测到柔性振动加速度,经信号处理后,得到相应的速度和位移信息。

任务三　机器人平衡姿态的检测

一、任务提出

图 3.3-1　Strollever 概念婴儿车

如图3.3-1所示,Strollever是一款设计感、科幻感十足的概念婴儿车,它安全、可靠,可以通过内置的陀螺仪来保持车身在运动中的平衡,那么陀螺仪是怎样工作的呢?

二、任务信息

陀螺仪是惯性器件之一,它是一种即使无外界参考信号,也能探测出载体本身姿态和状态变化的内部传感器。它可检测运动体的角速度,还可以通过对测得的角速度一阶微分,获得角加速度,并且可以通过对测得的角速度积分获得姿态角或倾角值。陀螺仪因其平衡特性,已成为飞行机器人中关键的部件,在航模、无人机、制导武器、导弹、卫星、天文望远镜等方面也发挥着重要的作用。

1. 什么是陀螺仪传感器

一般将能够测量相对惯性空间的角速度和角位移的传感器或者装置称为陀螺仪。陀螺仪有两大特性,定轴性和进动性。利用这两个特性就可在运动体过程中建立不变的基准,从而测量出运动体的姿态角和角速度。图 3.3-2 所示为两种陀螺仪传感器示意图。

图 3.3-2　陀螺仪传感器

2. 陀螺仪传感器的分类

按照转子转动的自由度,陀螺仪可分为双自由度陀螺仪(也称三自由度陀螺仪)和单自由度陀螺仪(也称二自由度陀螺仪),前者用于测定姿态角,后者用于测定姿态角速度,如图 3.3-3 所示。

陀螺仪的基本部件主要包括陀螺转子、内外框架、附件等。陀螺转子常采用同步电机、磁滞电机、三相交流电机等拖动方法来使陀螺转子绕自转轴高速旋转,并且其转速近似为常值。内、外框架(或称内、外环)是使陀螺自转轴获得所需角转动自由度的结构。附件是指力矩马达、信号传感器等元件。

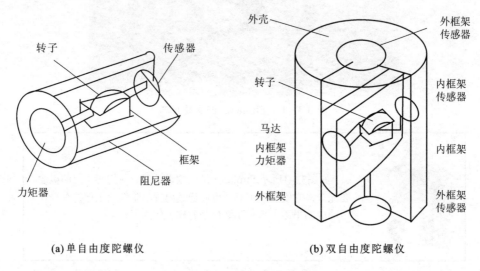

(a) 单自由度陀螺仪　　　(b) 双自由度陀螺仪

图 3.3-3　陀螺仪结构示意图

3. 陀螺仪的特性

陀螺仪具有两个特性:

① 定轴性:高速旋转的转子具有力图保持其旋转轴在惯性空间内的方向稳定性不变的特性;

② 进动性:在外力矩作用下,旋转的转子力图使其旋转轴沿最短的路径趋向外力矩的作用方向。

4. 陀螺仪的工作原理

陀螺仪的工作原理(见图3.3-4)是:一个旋转物体的旋转轴所指的方向在不受外力影响时是不会改变的。根据这个原理,用它来保持方向,然后采用多种方法读取轴所指示的方向,并自动将数据信号传给控制系统。具体解释过程如下。

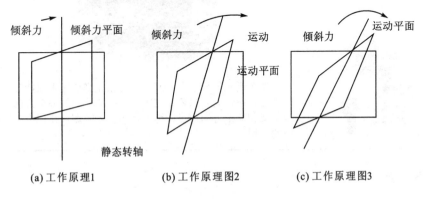

图 3.3-4 陀螺仪工作原理图

用四个质点A、B、C、D来表示边上的区域,轴的底部被托住静止但是能够向各个方向旋转。当一个倾斜力作用在顶部的轴上时,质点A向上运动,质点C则向下运动,如图3.3-4(a)所示。因为陀螺仪是顺时针旋转,在旋转90°之后,质点A将会到达质点B的位置,C、D两个质点的情况也是一样的。如图3.3-4(b)所示,当质点A处于如图所示的90°位置时会继续向上运动,质点C也继续向下。A、C质点的组合将导致轴在如图3.3-4(b)所示的运动平面内运动。当一个陀螺仪的轴在一个合适的角度上旋转时,如果陀螺仪逆时针旋转,轴将会在运动平面上向左运动;在顺时针的情况中,如果倾斜力是一个推力,运动将会向左发生。如图3.3-4(c)所示,当陀螺仪旋转了另一个90°时,质点C在质点A受力之前的位置。C质点的向下运动现在受到了倾斜力的阻碍并且轴不能在倾斜力平面上运动。倾斜力推轴的力量越来越大,当边缘旋转大约180°时,另一侧的边缘推动轴向回运动。实际上,轴在这个情况下将会在倾斜力的平面上旋转。轴之所以会旋转是因为质点A、C在向上和向下运动的一些能量用尽,导致轴在运动平面内运动。当质点A、C最后旋转到大致上相反的位置上时,倾斜力比向上和向下的阻碍运动的力要大。

三、任务完成

Strollever概念婴儿车具有内置的陀螺仪悬架系统。陀螺仪固定安装在婴儿车轮毂上,当婴儿车遇到路面不平或外力等原因造成车体倾斜时,带有陀螺仪的车轮可自动调整车身姿态,保证车身平衡。因而无论在何种路面环境下，Strollever 都仿佛如履平地，婴儿车里的小宝宝始终能够享受到安稳舒适的睡眠环境。

四、任务拓展

如图所示的代步车子利用了三轴陀螺仪技术保持车身的平衡状态，而且只要站在上面，重心移动到哪个方向，车子就朝哪个方向前进。请分析出三轴陀螺仪在代步车子中的应用。

五、任务小结

陀螺仪是一种运动姿态传感器，可以测量机器人运动过程中旋转的角速度，将角速度进行积分，得便是机器人运动旋转过程中的旋转角度，再通过旋转角度，可以对机器人的转动和姿态进行控制。在机器人直线行走过程中，也可以通过陀螺仪来检测机器人是否走偏，从而来对它进行纠偏控制。

六、思考和练习

① 机器人内部传感器有哪几种？
② 机器人的位置检测的方法有哪些？
③ 用于机器人线位移和角位移测量的传感器有哪些？
④ 分析限位开关在塔式起重机安全监测方面的应用。
⑤ 焊接机器人中，有哪些本项目学过的传感器，并分析其作用。
⑥ 手机中有大量的传感器，其中加速度传感器和陀螺仪的功能是什么？
⑦ 包装工业中，采用自动化流水线作业，不断提高生产效率，降低劳动强度，已经成为现实。在末端码垛工位，往往采用码垛机器人替代人工，实现自动化升级。试分析码垛机器人中用到哪些传感器及其功能。

项目四　触觉传感器

工业机器人在自动生产当中完成搬运、组装、码垛、焊接等任务时,一般依靠多种类型的抓手对工件进行抓取,为了保证对工件的稳定抓取,需要在工作过程中对抓手与工件之间的接触情况进行感知和判断。这种工业机器人对接触情况的检测称为工业机器人的触觉。

工业机器人的触觉检测,是接触、冲击、压迫等机械刺激感觉的综合,触觉可以用来进行机器人抓取、握持,利用触觉可以进一步感知物体的形状、软硬等物理性质。机器人的触觉从广义上可获得的信息包括接触信息,狭小区域上的压力信息,分布压力信息,力和力矩信息以及滑觉信息等。从检测信息及等级考虑,触觉识别可分为点信息识别,平面信息识别和空间信息识别三种。

任务一　机器人被测目标的接触检测

一、任务提出

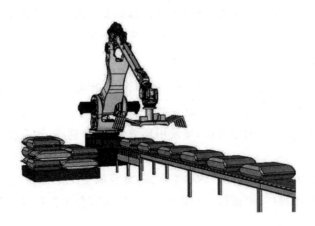

图 4.1-1　工业机器人码垛系统

如图4.1-1所示,工业机器人码垛系统在对包装袋进行抓取时,为了防止空抓,需要安装什么类型的传感器?安装在什么位置?

二、任务信息

接触传感器是机器人进行接触检测的器件,一般安装在机器人末端执行器上,接触传感器不仅可以判断是否接触物体,还可以大致判断物体的形状。最简单、最经济的接触传感器是输出信号仅包括 0 和 1 的机械式接触检测传感器,典型代表为各类微动开关。机器人通过微动开关的触点接触与断开获取信息,也可以通过微动开关阵列来识别物体的二维轮廓,但由于结构关系,微动开关无法做到高密度阵列。

1. 微动开关

(1) 微动开关原理

常用的微动开关由滑柱、弹簧、基板和引线构成,具有性能可靠、成本低、使用方便等特点。

微动开关是具有微小接点间隔和快速动作的机构,在规定行程和规定力的作用下进行开关动作,用外壳覆盖,并且其外部有驱动杆,因其开关的触点间隙比较小,故名微动开关,又叫灵敏开关。

微动开关在工作时,外机械力通过传动元件(按销、按钮、杠杆、滚轮等)将力作用于动作簧片上,当动作簧片位移到临界点时产生瞬时动作,使动作簧片末端的动触点与定触点快速接通。

当传动元件上的作用力移去后,动作簧片产生反向动作力,当传动元件反向行程达到簧片的动作临界点后,瞬时完成反向动作,断开触点。微动开关的触点间隙小、动作行程短、按动力小、通断迅速,动触点的动作速度与传动元件动作速度无关。

(2) 微动开关分类

微动开关的种类繁多,内部结构有成百上千种,按体积分,有普通型、小型、超小型;按防护性能分,有防水型、防尘型、防爆型;按分断形式分,有单联型、双联型、多连型;按分断能力分,有普通型、直流型、微电流型、大电流型;按使用环境分,有普通型、耐高温型(250℃)、超耐高温陶瓷型(400℃)。

微动开关一般以无辅助按压附件为基本形式,并且派生出小行程式、大行程式。根据需要可加入不同的辅助按压辅件,根据按压辅件的不同,开关可分为按钮式、簧片滚轮式、杠杆滚轮式、短动臂式、长动臂式等。

2. 触须传感器

触须传感器如图 4.1-2 所示,由须状触头及检测部分构成。触头由具有一定长度和弹性的柔软丝构成,它与检测目标接触产生的弹性形变和弯曲由其根部的检测单元进行检测,并向机器人发送检测结果。与昆虫的触须类似,触须传感器能够对靠近的物体进行识别,确定被检测目标是否存在。

触须传感器的检测距离较远,可以在机器人检测到目标时预留出一定的缓冲距离,因此,在机器人运动较快或者需要检测路径障碍物、检测工件是否到达预定位置时可以获得较好的检测效果。

图 4.1-3 所示为当机器人在具有台阶的工件上进行作业时触须传感器的应用场景,机器人执行器上的触须传感器可以有效检测工件表面的变化,又能避免传感器与界面的硬接触,更加安全和可靠。

图 4.1-2　触须传感器

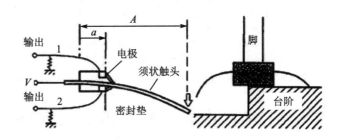

图 4.1-3　触须传感器原理图

三、任务完成

工业机器人码垛系统在对包装袋进行抓取时,安装在手爪上的微动开关接触到包装袋后发生动作,完成对检测目标的有效性检测。检测信号经机器人的输入输出板卡送到机器人控制器,在确认抓取成功后将包装袋进行码放。如果手爪动作后微动开关未检测到接触信号,则需要机器人进行相应调整或等待,重复抓取动作。

机械式的接触检测方式根据不同的应用需求,可以设计不同类型的微动开关和触须传感器,选择合适的使用寿命、供电电压、信号类型、体积以及动作灵敏度。

四、任务拓展

如图所示为人形机器人的机械手爪,可以模仿人手进行抓取动作,并通过手指末端的接触传感器判断是否抓牢物体。查找相关资料,说明此抓手可以使用的接触传感器有哪些?

五、任务小结

机器人系统所需要的最基本的信号就是机器人与目标物体的接触检测信号，机器人的手爪是否与检测目标准确接触对机器人的正常运行至关重要。接触传感器多种多样，根据机器人的应用场景选择合适的接触传感器才能保证机器人的运行安全。

任务二　机器人接近被测物的检测

机器人与被检测物体的接触检测是一种最基本的检测方式，但是在一些工业应用中，有时受到实际情况的限制，无法对被检测物体进行接触检测。

接近传感器是机器人用来探测机器人自身及其应用系统与周围物体之间相对位置或距离的一种传感器，探测范围一般在几毫米到几十毫米之间，广泛应用于自动化生产线当中，如传送带工件检测、立体库工位检测等。接近传感器具有非接触、无机械触点、使用寿命长、抗干扰能力强等特点。

一、任务提出

图4.2-1　旋转立体仓库

如图4.2-1所示，在该系统中，旋转立体仓库通过传感器检测是否旋转到设定位置，哪一类传感器比较适合完成此类任务？

二、任务信息

目前工业应用中，接近传感器按照不同的检测原理分为电磁式、电容式和光纤式。

1. 电磁式传感器

电磁式传感器是根据霍尔效应制作的一种磁场传感器,因此又称为霍尔传感器。

(1) 霍尔元件的工作原理

图 4.2-2 所示为霍尔效应的原理图。在一片半导体薄片两端面通以控制电流 I,并在薄片的垂直方向上施加磁感应强度为 B 的磁场,那么,在垂直于电流和磁场的方向上半导体薄片两端将产生电势 U_H(称为霍尔电势或霍尔电压),这种现象称为霍尔效应。

霍尔效应的产生是由于运动电荷在磁场中受到洛伦兹力作用的结果。

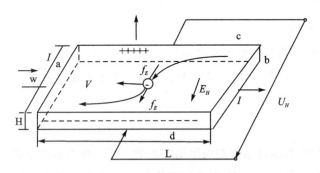

图 4.2-2 霍尔效应原理图

洛伦兹力 f_L 使电子横向偏移运动,而霍尔电场建立之后在传感器内部又对电子形成电场力 f_E,电场力的方向与洛伦兹力相反,阻止电荷的积累,最终达到动态平衡。

(2) 霍尔元件的主要技术参数

1) 额定控制电流 I_c 及最大允许控制电流 I_{cm}

在磁感应强度 B=0 时,霍尔元件在空气中产生 10℃ 温升时所对应的控制电流,称为额定控制电流,一般用 I_c 表示。I_c 的大小与霍尔芯片的尺寸成正比,尺寸越小,I_c 越小,I_c 的范围一般从几毫安到几十毫安。由于霍尔元件的输出电势随控制电流的增大而增大,所以在实际使用中总希望尽量提高控制电流值。

最大允许控制电流是以霍尔元件允许的最高温升值为限制,所对应的控制电流,一般用 I_{cm} 表示。改善霍尔元件的散热条件,可以增大最大允许控制电流 I_{cm} 的值。

2) 输入电阻 R_{in} 和输出电阻 R_{out}

霍尔元件两个控制电流极之间的电阻称为输入电阻,用 R_{in} 表示,两个输出极之间的电阻称为输出电阻,用 R_{out} 表示,单位为 Ω。霍尔元件的输入电阻与输出电阻一般为几欧姆到几百欧姆,通常输入电阻的阻值大于输出电阻,但相差不多。

3) 不等位电势 U_0 和不等位电阻 R_0

霍尔元件在额定控制电流作用下,在无外加磁场时(B=0),霍尔电极间的霍尔电势理想值应为零,但实际不为零,这时测得的空载霍尔电势称为不等位电势,用 U_0 表示。

不等位电势 U_0 与额定控制电流 I_c 之比称为霍尔元件的不等位电阻,一般用符号 R_0 表示。

实际应用中 U_0 和 R_0 越小越好。

4）灵敏度

灵敏度包括霍尔灵敏度 K_H 和磁灵敏度 S_B。霍尔灵敏度 K_H 又称乘积灵敏度，也可用 S_H 表示，它是指霍尔元件在单位控制电流和单位磁感应强度作用下输出极开路时的霍尔电压，单位为 V/(T·A)（磁感应强度有两个单位，国际单位是特斯拉，符号为 T，另一个单位是高斯，符号为 Gs，$1T = 10^4 Gs$）。

磁灵敏度 S_B 是指霍尔元件在额定控制电流和单位磁感应强度作用下，输出极开路时的霍尔电压，单位为 V/T。

5）寄生直流电势 U_{OD}

在不外加磁场时，交流控制电流通过霍尔元件而在霍尔电极间产生的直流电势称为寄生直流电势，一般用符号 U_{OD} 表示，单位为 mV。它主要是由电极与基片之间的非完全接触所产生的整流效应造成的。

6）温度系数

温度系数有霍尔电势温度系数和内阻温度系数。霍尔电势温度系数 α 是指霍尔元件在一定的磁感应强度和规定控制电流下，温度每变化 1℃ 时，霍尔电势值变化的百分率，常用符号 α 表示。这一参数对测量仪器十分重要，若仪器要求精度高，要选择霍尔电势温度系数小的元件。另外，必要时还要加温度补偿电路。

内阻温度系数 b 是指温度每变化 1℃ 时，霍尔元件材料的电阻变化率，常用符号 b 表示。

(3) 霍尔元件的材料及结构

霍尔元件的材料直接影响霍尔元件的性能。霍尔元件的输出与灵敏度有关，K_H 越大，U_H 越大。而霍尔灵敏度又取决于元件的材料性质和尺寸，其中霍尔系数等于霍尔元件材料的电阻率 ρ 与电子迁移率 μ 的乘积（$R_H = \rho\mu$）。半导体材料既有很高的载流子迁移率，又具有电阻率较大的特点，可以获得很大的霍尔系数，所以最适合用于制造霍尔元件。

(4) 霍尔接近开关

在一定距离内检测物体的有无，这种传感器称为接近开关。接近开关属于非接触式测量，响应快，易与计算机或 PLC 相连接，而且接近开关的体积小，安装调整方便。

霍尔开关的接近方式分为轴向接近式、穿孔式及分流翼片式。轴向接近式结构，磁极与霍尔元件在同一轴线上，当磁铁随运动物体移到距离霍尔元件几毫米时，霍尔器件输出由高电平变为低电平，经驱动电路使继电器吸合或释放。穿孔式结构，磁铁随运动物体沿 x 方向移动，霍尔元件从两块磁铁间滑过，当磁铁与霍尔元件的间距小于某一数值时，霍尔元件输出由高电平变为低电平。与轴向接近式不同的是，若穿孔式霍尔开关的运动物体继续向前移动滑过头，霍尔开关的输出又将恢复高电平。分流翼片式结构由软铁制作的分流翼片与运动部件联动，当它移动到磁铁与霍尔元件之间时，磁力线被分流，遮挡了磁场对霍尔元件的激励，霍尔元件输出高电平。

2. 电容式接近传感器

电容式传感器是以各种类型的电容器作为敏感元件,将被测物理量的变化转换为电容量的变化,再由转换电路(测量电路)转换为电压、电流或频率,以达到检测的目的。

因此,凡是能引起电容量变化的有关非电量,均可用电容式传感器进行电测变换。

(1) 工作原理

电容器由两个用介质(固体、液体或气体)或真空隔开的电导体构成。

$$C = \frac{Q}{V} \qquad (4.2-1)$$

式中 C 表示电容,Q 表示电荷量,V 表示电压。

对于如图 4.2-3 所示的形式的电容,电容值的计算公式为

$$C = \frac{\varepsilon S}{d} = \frac{\varepsilon_r \varepsilon_0 S}{d} \qquad (4.2-2)$$

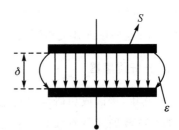

图 4.2-3 电容原理图

式中:

S——极板相对覆盖面积;

d——极板间距离;

ε_r——相对介电常数;

ε_0——真空介电常数(8.85pF/m);

ε——电容极板间介质的介电常数。

从式(4.2-2)可知,电容值的大小与极板间距、极板相对覆盖面积以及电容极板间的介质的介电常数有关,因此从理论上分析,通过改变三个因素中的任意一项均可以改变电容的大小。

(2) 电容式传感器特点

电容式传感器极板间的静电引力很小,需要的作用能量极小,所以可测得极低的压力和力,很小的速度、加速度,可以做得很灵敏,分辨率非常高,能感受 0.001mm 甚至更小的位移。其可动部分可以做得很小很薄,即质量很轻,减小了惯性,其固有频率很高,动态响应时间短,能在几兆赫的频率下工作,特别适合动态测量。另外,其介质损耗小,可以用较高频率供电系统工作及测量高速变化的参数,如测量振动、瞬时压力等。

电容式传感器的优点如下:

① 温度稳定性好(电容值与电极材料无关,本身发热极小);

② 结构简单、适应性强;

③ 动态响应好;

④ 可以实现非接触测量、具有平均效应。

电容式传感器的缺点如下:

① 输出阻抗高、负载能力差:传感器的电容量受其电极几何尺寸等限制,一般为几十到几

百皮法,使传感器的输出阻抗很高,尤其当采用音频范围内的交流电源时,输出阻抗高达 $10^6 \sim 10^8 \Omega$,因此,传感器负载能力差,易受外界干扰影响;

② 寄生电容影响大:传感器的初始电容量很小,而传感器的引线电缆电容、测量电路的杂散电容以及传感器极板与其周围导体构成的电容等"寄生电容"却较大,一方面降低了传感器的灵敏度,另一方面这些电容(如电缆电容)常常是随机变化的,将使传感器工作不稳定,影响测量精度;

③ 电容式接近开关(如图4.2-4所示):这种开关的测量通常是构成电容器的一个极板,而另一个极板是开关的外壳;这个外壳在测量过程中通常是接地或与设备的机壳相连接,当有物体移向接近开关时,不论它是否为导体,由于它的接近,总要使电容的介电常数发生变化,从而使电容量发生变化,使得和测量头相连的电路状态也随之发生变化,由此便可控制开关的接通或断开;这种接近开关检测的对象,不限于导体,可以是绝缘的液体或粉状物等。

3. 光纤传感器

1970年,美国成功研制出传输损耗为20dB/km的石英玻璃光导纤维(又称光学纤维),这是光通信史上一个划时代的贡献。1979年,日本成功研制了传输损耗仅为0.2dB/km的光导纤维。由于光导纤维(简称光纤)具有很多优点,因此用它组成的光纤传感器(OFS)解决了许多以前难以

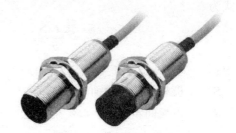

图 4.2-4 电容式接近开关

解决,甚至是不能解决的技术难题。与常规传感器相比,光纤传感器具有如下特点。

① 抗电磁干扰能力强:由于光纤传感器是利用光传输信息,而光纤是电绝缘、耐腐蚀的,因此不受周围电磁场干扰;再有,电磁干扰噪声的频率比光波频率低,也对光波无干扰;此外,光波易于屏蔽,所以外界光的干扰也很难进入光纤中。

② 灵敏度好:很多光纤传感器的灵敏度都优于同类常规传感器。

③ 电绝缘性好:光导纤维一般是用石英玻璃制成的,具有80kV/20cm耐高压特性。

④ 重量轻,体积小:光导纤维直径一般仅有几十微米至几百微米,即使加上各种防护材料制成光缆,也比普通电缆小而轻。光纤柔软,可绕性好,可深入机器内部和人体弯曲的内脏进行检测,使光能沿着需要的途径传输。

⑤ 适于遥控:可利用现有的技术组成遥测网。

(1) 光纤结构

所谓光导纤维是一种传输光信息的导光纤维。它是由石英玻璃或塑料制成的,结构很简单。光纤的基本结构由导光的芯体玻璃(简称纤芯)和包层组成。纤芯位于光纤的中心部位,其直径约为 $5 \sim 100 \mu m$,包层可用玻璃或塑料制成,包层的外面常有塑料或橡胶的外套,保护纤芯和包层并使光纤具有一定的机械强度。

光主要在纤芯中传输,光纤的导光能力主要取决于纤芯和包层的性质,即它们的折射率。由于纤芯和包层构成一个同心圆双层结构,所以可保证入射到光导纤维内的光波集中在纤芯

内传输。

(2) 光纤的种类

光纤的分类方法很多,下面介绍常用的几种分类方法。

① 按纤芯和包层材料性质分:有玻璃光纤和塑料光纤两大类。

② 按折射率在纤芯中的分布规律分:有阶跃型多模光纤和梯度型多模光纤两大类。

阶跃型多模光纤(折射率固定不变),纤芯的折射率 n_1 分布均匀,不随半径变化,包层内的折射率 n_2 分布也大体均匀。纤芯与包层之间折射率的变化呈阶梯状。在纤芯内,中心光线沿光纤轴线传播,通过轴线平面的不同方向入射的光线(子午光线)呈锯齿形轨迹传播。

梯度型多模光纤(纤芯折射率近似平方分布),纤芯内的折射率不是常数,从中心轴线开始沿径向大致按抛物线规律逐渐减小。因此,采用这种光纤时,当光射入光纤后,光线在传播中连续不断地折射,自动地从折射率小的包层面向轴芯处会聚,使光线能集中在中心轴附近传递,故也称自聚焦光纤。

(3) 光在光导纤维中的传输原理

光在光导纤维中的传输主要利用光的折射和反射现象,特别是光的全反射现象。

设包层的折射率 n_2 大于纤芯折射率 n_1,空气折射率为 n_0。当光线从空气中射入光纤的一个端面,并与其轴线的夹角为 θ_0 时,在光纤内折射角为 θ_1,然后以 φ_1 角射至纤芯与包层的界面上。若 φ_1 与临界角 φ_c 相比有 $\varphi_1 > \varphi_c$,则入射的光线就能在界面上产生全反射,并在光纤内部以同样的角度反复逐次全反射向前传播,直至从光纤的另一端射出。因为光纤两端都处于同一媒质中,所以射出角也为 θ_0。在实际应用中,光纤即便弯曲,光也能沿着光纤传播,但是若光纤过分弯曲,以致光射到界面的入射角小于临界角,那么,大部分光将透过包层损失掉,从而不能在纤芯内部传播。

需要指出,从空气中射入光纤的光并不一定都在光纤中产生全反射。如光线不能满足临界要求,则这部分光线将穿透包层,称为漏光。

(4) 光纤式接近传感器

用光纤制作接近觉传感器可以用来检测机器人与目标物间较远的距离,测量方式可以分为三种:第一种为射束中断型,即在光回路中存在光发射器和接收器,发射器和接收器之间的光通过空气连接,这种传感器只能检测出不透明物体,对透明或半透明的物体无法检测;第二种为回射型,检测光从光纤中射出后经目标回射靶返回至接收光路中,与第一种类型相比,这种类型的光纤式传感器可以检测出透光材料制成的物体;第三种为扩散型,与第二种相比,第三种少了回射靶,因为大部分材料都能反射一定量的光,这种类型可检测透光或半透光物体。

4. 光电传感器

物质在光照作用下释放电子的现象称为光电效应,因光照而释放的电子叫光电子,光电子在外电场作用下形成的电流叫光电流。

光电式传感器是利用光电器件把光信号转换成电信号的装置,光电式传感器工作时,先将距离、位置等被测量转换为光量的变化,然后通过光电器件再把光量的变化转换为相应的电量变化,从而实现非电量的测量。其核心(敏感元件)是光电器件,基础是光电效应。

光电式传感器可用来测量光学量或测量已先行转换为光学量的其他被测量,然后输出电信号。测量光学量时,光电器件作为敏感元件使用;而测量其他物理量时,它作为变换元件使用。光电式传感器由光路及电路两大部分组成,光路部分实现被测信号对光量的控制和调制,电路部分完成从光信号到电信号的转换。

常用的光电转换元件有真空光电管、充气光电管、光电倍增管、光敏电阻、光电池、光电二极管及光电三极管等,它们的作用是检测照射其上的光通量。选用何种形式的光电转换元件取决于被测参数所需的灵敏度、响应速度、光源特性及测量环境和条件等。

光电流大小与入射光频率有关,当入射光频率低于某一极限频率时,将不会产生光电效应,此极限频率也称为"红限"。只有当入射光频率高于材料的红限频率时,光电流大小才与入射光强度成正比。按光电子逸出与否,光电效应分外光电效应和内光电效应。

光照射使电子逸出金属表面的现象称为外光电效应,物质受到光照时,其内部原子释放的电子留在体内,使物质的电导率变化或产生光生电动势的现象称为内光电效应。机器人所用的光电传感器主要是基于内光电效应进行设计,因此本书仅对内光电效应进行分析。

内光电效应使某些半导体材料在入射光能量的激发下产生电子-空穴对,致使材料电性能改变。这种效应可分为因光照引起半导体电阻值变化的光导效应和因光照产生电动势的光生伏特效应两种。基于光导效应的光电器件有光敏电阻;基于光生伏特效应的光电器件有光电池、光敏二极管、光敏三极管、光电位置敏感器件(PSD)。

(1) 光敏电阻

1) 光敏电阻的结构和原理

光敏电阻又称光导管,是利用光电导效应制成的。由于光的照射,使半导体的电阻变化,所以称为光敏电阻。

如果把光敏电阻连接到外电路中,在外加电压的作用下,用光照射就能改变电路中电流的大小。并非一切纯半导体都能显示出光电特性,对于不具备这一特性的物质可以加入杂质使之产生光电效应。用来产生这种效应的物质有金属的硫化物、硒化物、碲化物等组成。

2) 光敏电阻的特性

光敏电阻在未受到光照时的阻值称为暗电阻,此时流过的电流称为暗电流。在受到光照时的电阻称为亮电阻,此时的电流称为亮电流。亮电流与暗电流之差称为光电流。

在一定照度下,流过光敏电阻的电流与光敏电阻两端的电压的关系为:光照一定,R 一定,I 正比于 U;电压一定,I 随着光照 E 增强而增大。

光敏电阻的光照特性用于描述光电流 I 和光照强度之间的关系,绝大多数光敏电阻光照特性曲线是非线性的,光敏电阻一般用作开关式的光电转换器而不宜用作线性测量元件。

对于不同波长的光,不同的光敏电阻的灵敏度是不同的。在选用光敏电阻时应当把元件和光源的种类结合起来考虑,才能获得满意的结果。

光敏电阻的光电流不能随着光照量的改变而立即改变,即光敏电阻产生的光电流有一定的惰性,这个惰性通常用时间常数 t 来描述。

时间常数为光敏电阻自停止光照起到电流下降为原来的 63% 所需要的时间,因此,时间常数越小,响应越迅速。

(2) 光敏二极管和光敏三极管

1) 光敏二极管、光敏三极管的结构和原理

光敏二极管是一种 PN 结型半导体元件,其在没有光照射时,反向电阻很大,反向电流很小,反向电流也叫暗电流。当光照射之后,光子在半导体内被吸收,使 P 型中的电子数增多,也使 N 型中的空穴增多,即产生新的自由载流子。这些载流子在结电场的作用下,空穴向 P 型区移动,电子向 N 型区移动,这个过程对外电路来说,就是形成电流的过程。如果入射光的照度变动,则电子和空穴的浓度也相应地变动,因此通过外电路的电流也随之变化,这样就把光信号变成了电信号。

光敏三极管的结构与普通三极管很相似,只是它的发射极一边做得很大,以扩大光的照射面积,且其基极往往不接引线。光敏三极管是兼有光敏二极管特性的器件,它在把光信号变为电信号的同时又将信号电流放大。

采用 N 型单晶和硼扩散工艺的光敏二极管称为 P+N 结构。采用 P 型单晶和磷扩散工艺的称为 N+P 结构。按国内半导体器件命名规定,硅 P+N 结构为 2CU 型,N+P 结构为 2DU 型,硅 NPN 结构为 3DU 型。

2) 光敏晶体管的特性

光敏晶体管的光谱特性是光电流随入射光的波长而变化,由于锗光敏晶体管的暗电流比硅光敏晶体管大,故在可见光作光源时,都采用硅管,但是对红外光源探测时,则锗管较为合适。

光敏晶体管的频率特性是光电流与光强变化频率的关系。光敏二极管的频率特性是很好的,其响应时间可以达到 $10^{-7} \sim 10^{-8}$ s,因此它适用于测量快速变化的光信号。光敏三极管由于存在发射结电容和基区渡越时间(发射极的载流子通过基区所需要的时间),其频率响应比光敏二极管差,而且和光敏二极管一样,负载电阻越大,高频响应越差。

(3) 基于光电效应的传感器

光电传感器在自动控制领域中得到了广泛应用,其特征如下。

① 检测距离长。如果在对射型中保留 10m 以上的检测距离等,便能实现其他检测手段(磁性、超声波等)无法离检测。

② 对检测物体的限制少。由于以检测物体引起的遮光和反射为检测原理,所以不像接近传感器等将检测物体限定在金属,它可对玻璃、塑料、木材、液体等几乎所有物体进行检测。

③ 响应时间短。光本身为高速,并且传感器的电路都由电子零件构成,所以不包含机械

性工作时间,响应时间非常短。

④ 分辨率高。能通过高级设计技术使投光光束集中在小光点,或通过构成特殊的受光光学系统,来实现高分辨率,也可进行微小物体的检测和高精度的位置检测。

⑤ 可实现非接触的检测。可以无须机械性地接触检测物体实现检测,因此不会对检测物体和传感器造成损伤,可长期使用。

⑥ 便于调整。在投射可视光的类型中,投光光束是眼睛可见的,便于对检测物体的位置进行调整。

光电传感器在使用形式上又可分为对射型和漫反射型。对射型传感器如欧姆龙对射传感器发射侧 PSD-TM5D 和接收侧 E3ZG-T81-S,漫反射型光电传感器如欧姆龙的收发一体传感器 E3ZG-D81-S,如图 4.2-5 所示。

(a) 对射光电传感器

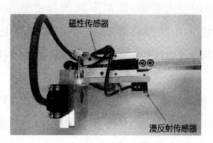
(b) 漫反射光电传感器

图 4.2-5　光电传感器

对射型光电传感器在使用中,需要被检测物体接近和通过检测区域才能工作,如图 4.2-5(a)所示:传送带传送的物料通过光电传感器的发射和接收端中间时,发射端的光线被阻隔,光电传感器接收端检测失效,表明有物料通过,在物料未抵达或经过以后光线回路恢复,接收端检测有效。漫反射光电传感器采用收发一体的形式,如图 4.2-5(b)所示:在检测端一定范围内没有工件时接收端检测不到光信号,在抓手接近工件时,工件将光线发射器发射光反射回传感器的接收端,接收端检测到有效光信号。漫反射式光电传感器可以通过调节发射器的发射强度实现灵敏度的调节,根据实际情况设置感知距离。

三、任务完成

接近传感器在机器人应用系统中得到了广泛应用,立体仓库在四个工作位置安装以电容传感器进行检测的金属突起,在立体仓库旋转到位置后电容传感器检测到接近信号并将检测结果发送给 PLC 控制器,停止立体仓库的转动。

除此之外,接近传感器可以安装在传送带上对经过的工件进行计数,也可以安装在机器人手爪上辅助检测被抓取物体是否存在或位置是否正确。

四、任务拓展

如图所示为智能制造生产线的上料机构，用于生产线的自动上料，查找有关资料并思考，该机构使用了哪些传感器？这些传感器起到了什么作用？

五、任务小结

为实现自动化生产线的自动、可靠运行，需要接近传感器在物料或工件到达预定位置时给出确认信号，因此必须根据实际需求和经济成本选择合适的接近传感器。不同种类的接近传感器在成本、灵敏度、检测距离等方面均有较大差别，优化传感器的选型和配置是建立生产线的重要内容。

任务三　机器人可靠抓取被测物的检测

工业机器人在抓取易碎、易变形的物体时会遇到一定的困难，抓取用力过大会损伤被抓取物体，而用力过小时则无法将物体抓起或造成滑落。要想使机器人准确抓取这类物体而不造成脱离或者压碎，首要问题是判断接触面上的滑觉和压觉。根据滑觉传感器在抓取或移动物体时的反馈信号，对抓取力进行动态调整，可以实现机器人对物体的精确软抓取，这对机器人在工业和民用领域的应用起到非常重要的作用。

一、任务提出

图 4.3-1　机器人抓取鸡蛋

如图4.3-1所示,机器人将鸡蛋轻轻抓起,没有滑落同时保证了鸡蛋的完好。在该过程中,机器人怎么实现抓取力的控制的?怎么防止鸡蛋的滑落?

二、任务信息

滑觉传感器是用来检测机器人与抓握对象间相对滑动的传感器。为了在抓握物体时确定一个适当的握力值,需要实时检测接触表面的相对滑动,然后调整握力,在不损伤物体和不造成物体形变的情况下逐渐增加力量,对抓握对象实现软抓取。滑觉检测功能是实现机器人柔性抓握的必备条件。通过滑觉传感器可实现识别功能,对被抓物体进行表面粗糙度和硬度的判断。

按照不同的实现形式,滑觉传感器又可以分为球形滑觉传感器、光电式滑觉传感器、电磁式滑觉传感器及电容式滑觉传感器。

1. 球形滑觉传感器

球形滑觉传感器是一种机械式的滑觉传感器,可以感知机器人与抓取对象全方向的相对滑动。如图 4.3-2 所示,球形滑觉传感器的滑动检测部件是一个由导体和绝缘体交叉配制成的滚球,滚球与两个检测电路的两个触点接触,在机器人与抓取对象发生滑动时,滚球在滑动的作用下发生滚动,绝缘体和导体交替与电源触点接触,球形滑觉传感器产生断续的脉冲信号,从而检测出滑动的发生。

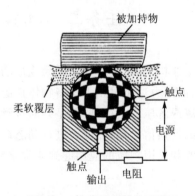

图 4.3-2　球形滑觉传感器

2. 光电式滑觉传感器

光电式滑觉传感器通过光敏二极管对发光二极管发出的光对机器人与抓取对象的相对滑动进行检测。在光电式滑觉传感器未检测到滑动时,发光二极管发出的光由反射平面反射到光敏二极管上,光敏二极管检测到反射光并输出稳定信号。如图 4.3-3 所示,在反射平面由滑动引起位置或者姿态的变化时,反射光偏离光敏二极管,光敏二极管在检测不到反射光时发出滑动信号。

图4.3-3所示的光电式滑觉传感器可以察觉到有滑动的发生,基于光电式滑觉传感器工作原理设计的滚柱式滑觉传感器则可以进一步对滑动距离进行测量。滚柱式滑觉传感器的原理图如图4.3-4所示。

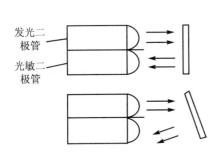

图4.3-3 光电式滑觉传感器工作原理

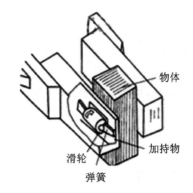

图4.3-4 滚柱式滑觉传感器

滚柱式滑动传感器是常用的滑觉传感器,可以实现两个方向的滑动检测。如图4.3-4所示,当机器人抓取的对象滑动时,滚柱随之旋转,滚柱带动安装在其内部的光电传感器旋转,与反射面发生相对运动,光敏二极管随着感知到的反射光的出现和消失产生脉冲信号。滑动产生的脉冲信号通过滑觉传感器的控制电路进行计数,最后通过数字量/模拟量转换模块将信号转换成模拟信号反馈至机器人系统。

3. 电磁式滑觉传感器

电磁式滑觉传感器是利用电磁感应原理将滑动信号变为电信号的滑觉传感器,适用于表面较为粗糙的抓取对象。

电磁式滑觉传感器的探针突出,直接与抓取对象的表面接触。当抓取对象出现滑动时,电磁式滑觉传感器的探针沿抓取对象的粗糙表面移动,产生振动。探针的振动带动传感器中的线圈在磁铁产生的磁场中运动,将振动转换为电信号,从而获取物体的滑动信息。

4. 电容式滑觉传感器

本项目任务二中介绍电容式接近开关时已经对电容的特性进行了介绍,由此可通过改变电容极板之间的正对面积、极板之间介质的介电常数及改变电容极板的间距均可以改变电容的值。电容式滑觉传感器就是根据电容值的变化将滑动信号转化为电信号,实现滑觉检测。

电容式滑觉传感单元结构示意图如图4.3-5所示,每只电容式滑觉传感器可等效为由4对互成直角排列的差分式电容器构成,从而提高了滑觉传感的灵敏度。

电容式滑觉传感器实现滑觉检测的机理是:未受摩擦力作用时,4对差分式电容器输出值相等,当受摩擦力作用时,防滑橡胶触头在摩擦力带动下发生倾斜,从而联动4对差分式电容器的可动极板发生倾斜,导致4对差分式电容器输出发生变化,根据4个电容值的变化特点可以判断滑动的方向和滑觉信息,且其检测方向不再是单一方向,根据每个电容值的变化可以判断滑动产生的方向性。

三、任务完成

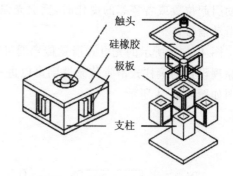

图4.3-5 电容式滑觉传感器结构图

机器人在抓取鸡蛋时，为防止破坏鸡蛋的完整性，在尝试抓取时需要施加较小的抓取力，并保证手爪与鸡蛋完整接触，之后缓慢提起。在机器人的手爪运动时，如果抓取力不足，鸡蛋与手爪之间产生相对滑动，滑觉传感器检测到滑动信号后反馈给机器人，机器人据此动态调整抓取力使滑动消失，完成抓取动作。在机器人抓取鸡蛋过程中，主要依靠滑觉传感器反馈抓取状态，将滑动信号转换为机器人可以识别的电信号，完成控制过程。

四、任务拓展

如图所示为化妆品灌装流水线的空瓶搬运工段，功能是将传送带送来的空瓶抓取和放置到规格版上。查找有关资料，说明该机器人可以使用的滑觉传感器有哪些？

五、任务小结

滑觉传感器是机器人在搬运和抓取易碎、易变形的物体时所必需的传感器。滑觉传感器按照检测滑动方向的特性分为无方向性、单方向性和全方向性传感器，在本任务介绍的滑觉传感器中，球形传感器便于设计成全方向性滑觉传感器，而光电式滑觉传感器则为单方向的滑觉传感器，电磁式滑觉传感器由于是通过振动检测滑动，所以只能感知是否有滑动而不能感知方向，为无向性滑觉传感器。滑觉传感器的选择需要根据实际需求进行选择。

项目四　触觉传感器

任务四　机械手握力控制与支撑力检测

本项目任务三中介绍机器人滑觉传感器时已经提及,滑觉检测的目的是实现机器人对力的准确控制。机械手作为工业中最常用的机器人的一种,其在进行装配、搬运等作业时需要以工作力的方式进行控制,这就需要在机械手的作业过程中实现压觉信息的反馈。能够实现压觉检测的传感器称为压觉传感器。

一、任务提出

图 4.4-1　仿生手臂抓取球体

图4.4-1所示为仿生机械手臂抓取球状物体,在该动作过程中,需要对手爪的作用力进行精确控制。那在该系统中,机械手如何知道当前施加在球体上的力,从而进行调整呢?

二、任务信息

压觉检测是机器人系统中重要的测量信号之一,机械手在抓取、搬运工件时需要对操作力进行准确控制以更好地完成作业任务,并保证机械手和工件的完好。在抓取易碎、易变形的工件时,如果用力过大可能损伤工件,用力过小则会产生滑动或抓取失败;反之,在工件较为坚硬时,作用力过大则可能损伤机器人的手爪,影响生产。

机械手作用力的检测目的是实现作用力的检测和控制,保证安全生产,同样,机械手工作中各关节支撑力的检测则可以提高机器人系统的安装和生产精度。机械手在进行作业抓取工件时,工件所受重力经过机器人各关节的传递最终传导至底座进行支撑,机器人的每个关节因为受力而产生一定的形变。机械手出厂时的检测是针对空载时候的校准与补偿,在负载时工作状态则有所不同,为保证控制精度需要对其进行补偿。支撑力的检测为机械手的位置控制提供了必需的关节受力信息,因此可以提高控制精度。

机械手末端的握力检测与支撑力检测对传感器的精度、体积等要求较高,常用的压觉传感器有压阻式压觉传感器和电容式压阻传感器。

1. 压阻式压觉传感器

压阻式压觉传感器是以半导体压阻效应进行压力测量的传感器。

(1) 半导体材料的压阻效应

固体受到作用力后,电阻率就要发生变化,这种效应称为压阻效应。任何材料的电阻丝,当受到外力作用时,其电阻的相对变化率均为

$$\frac{dR}{R} = (1+2\mu)\varepsilon + \frac{d\rho}{\rho} \tag{4.4-1}$$

由于半导体电阻的 $(1+2\mu)\varepsilon \ll d\rho/\rho$,又因 $d\rho/\rho$ 与半导体电阻的轴向所受的应力 σ 成正比,故 $(1+2\mu)\varepsilon$ 可以忽略不计,得

$$\frac{dR}{R} = \frac{d\rho}{\rho} = \pi\sigma \tag{4.4-2}$$

式中:π 为半导体材料的压阻系数。

通常半导体电阻丝的灵敏度比金属丝高 50~80 倍左右,但它受温度影响较大,因此使用范围受到一定限制。

(2) 半导体电阻应力片的结构

目前,半导体电阻应力片主要有体型和扩散型两种。

体型半导体应力片的基本结构如图 4.4-2 所示,其中敏感栅是从单晶硅或锗上切下的薄片。

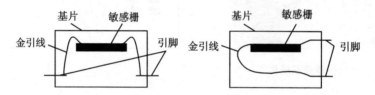

图 4.4-2 体型半导体应力片的基本结构

由于体型半导体应力片在使用时需要采用粘贴方法把它安装在弹性元件上,易造成蠕变和断裂,后来又研究出了扩散型。扩散型是以半导体材料作为弹性元件,在它上面直接用集成电路工艺制作扩散电阻。其特点是体积小,工作频带宽,扩散电阻、测量电路及弹性元件一体化,便于批量生产,使用方便。

图 4.4-3(a)所示为扩散硅压力传感器的结构示意图,核心部件是单晶硅杯,其结构如图 4.4-3(b)所示。

根据应力分布,在硅杯底部这块圆形的单晶硅膜片上,利用集成电路工艺制作上四个阻值完全相等的扩散电阻,如图 4.4-3(c)所示。里面两片位于正应力区,而外面两片位于负应力区。把它们接成全桥差动测量电路,封装在外壳内,做上引线,就构成了扩散硅压力传感器。

该压力传感器有两个压力腔,一个是接被测压力的高压腔,另一个是接参考压力的低压腔,通常和大气相通。当存在压差时,膜片受力产生变形使电阻值发生变化,电桥失去平衡,其输出电压与膜片两边承受的压差成正比。通过测量该电压就可知道被测压差的大小。

由于该传感器的敏感元件是半导体材料,受温度和非线性的影响较大,从而降低了稳定性和测量精度。为了减少温度和非线性的影响,扩散硅压力传感器多数采用恒流源供电。图 4.4-4(a)所示为若采用恒压源供电,电桥的输出电压为

$$U_0 = \left(\frac{R_1}{R_1+R_2} - \frac{R_4}{R_3-R_4}\right)U = U\frac{\Delta R}{R+\Delta R(t)} \tag{4.4-3}$$

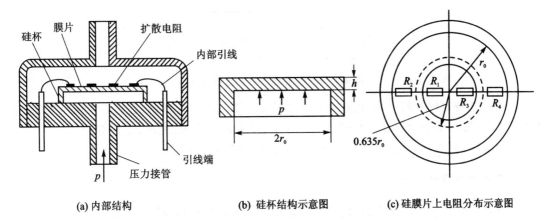

(a) 内部结构　　　　　(b) 硅杯结构示意图　　　　(c) 硅膜片上电阻分布示意图

图 4.4-3　扩散硅压力传感器结构示意图

上式表明，恒压源供电的全桥差动电路虽然对温度变化有一定的补偿作用，但输出仍然与温度变化有关，且为非线性关系，所以采用恒压源供电不能完全消除温度变化造成的误差。

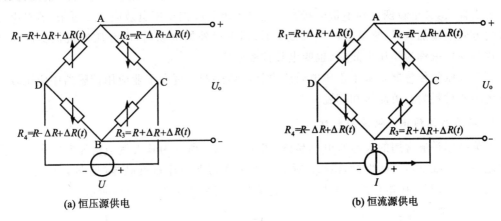

(a) 恒压源供电　　　　　　　　　　　　(b) 恒流源供电

图 4.4-4　电桥供电方式对温度补偿的影响

图 4.4-4（b）所示为采用恒流源供电。由于是采用全桥差动电路，所以在整个测量过程中，无论温度、压力怎么变化，两条支路的电阻始终相等，即

$$R_{CAD} = R_{CBD} = 2(R + \Delta R(t)) \quad (4.4-4)$$

从而两个支路的电流也相等，即

$$I_{CAD} = I_{CBD} = \frac{1}{2}I \quad (4.4-5)$$

故电桥的输出为

$$U_0 = U_{AD} - U_{BD} = \frac{1}{2}IR_1 - \frac{1}{2}IR_4 = I\Delta R \quad (4.4-6)$$

上式表明，当恒流源电流 I 固定后，全桥差动测量电路输出电压 U_0 的大小仅与扩散电阻的变化 ΔR 成正比，而与环境温度变化无关，对温度变化实现完全补偿。

恒流源的电流大小及稳定性对测量结果影响很大。为了提高测量精度，便于和其他设备连接，方便用户使用，生产厂家把扩散硅压力传感器、恒流源及测量转换电路制作在了一起，称作扩散硅压力变送器，如图 4.4-5 所示。

图 4.4-5　扩散硅压力变送器结构

随着科学技术的不断进步,现在又出现了智能扩散硅压力传感器,它是用大规模集成电路技术,将传感器与微处理器集成在同一块硅片上,兼有信号检测、处理、记忆等功能,从而大大提高了传感器的稳定性和测量准确度,使扩散硅压力传感器的应用更加广泛。

2. 压电式压觉传感器

压电式压觉传感器的工作原理是基于石英、陶瓷等新型材料的压电效应。

(1) 压电效应

压电效应又有正压电效应和逆压电效应之分。某些电介质,若沿着一定的方向对它施加压力而使其变形时,其内部就产生极化现象,同时在它的某两个表面上产生符号相反的电荷;当外力去掉后,又重新恢复到不带电状态。这种现象就称作正压电效应。反过来,若在电介质的极化方向上施加电场,它就会产生机械变形;当去掉外加电场后,电介质的机械变形随之消失。这种现象就称为逆压电效应(也叫电致伸缩效应)。

压电式压觉传感器是基于正压电效应设计的传感器。现在工业应用传感器中应用较多的压电传感器材料为石英晶体和陶瓷。

1) 石英晶体的正压电效应机理

石英晶体是最常用的天然压电单晶体,图 4.4-6(a)所示为其天然结构外形。在它上面按图建立一个三维直角空间坐标,沿 zy 所示的水平面切下一片石英晶体(见图 4.4-6(b)),并进行裁剪加工,制作压电传感器的原材料,石英晶体切片如图 4.4-6(c)所示。

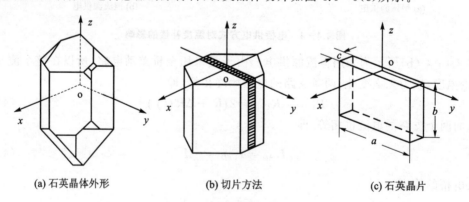

(a) 石英晶体外形　　　　(b) 切片方法　　　　(c) 石英晶片

图 4.4-6　石英体外形及切片方法

当石英晶体片未受到外力作用时,它的硅离子和氧离子在垂直于 z 轴的 xy 平面上的分布正好在正六边形的顶角上,形成三个大小相等、互成 120°夹角的电偶极矩 P1、P2、P3,如图 4.4-7(a)所示。此时,由于电偶极矩的矢量和为零,所以晶体表面不产生电荷,即晶体对外呈中性。

当石英晶体受到 x 轴方向的力 Fx 作用时,晶片将产生厚度变形,如图 4.4-7(b)所示。

这时,电偶极矩在 y 轴和 z 轴方向的矢量和仍然为零,而在 x 方向的矢量和不为零;从而在与 y 轴和 z 轴垂直的平面上不产生电荷;而只在与 x 轴垂直的两个平面上出现上边负,下边正的等量电荷 q_x,其大小为

$$q_x = d_{11} \cdot \frac{A_{js}}{A_{sx}} \cdot F_x = d_{11} F_x \tag{4.4-7}$$

式中,d_{11} 为在 x 轴方向上受力时的压电系数。其中它的第一个下标表示产生电荷平面的法线方向,第二个下标表示施加力的方向,并用 1 代表 x 轴方向,2 代表 y 轴方向,3 代表 z 轴方向。

这种沿电轴 x 方向施加作用力,而在垂直于此轴晶面上产生电荷的现象称为"纵向压电效应"。

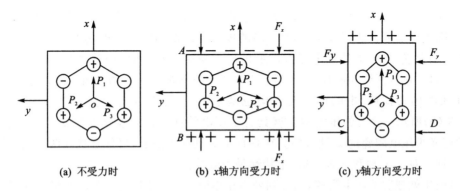

(a) 不受力时　　　　(b) x 轴方向受力时　　　　(c) y 轴方向受力时

图 4.4－7　石英晶体正压电效应示意图

如果在同一晶片上,沿着机械轴 y 的方向施加作用力 F_y,晶体的变形如图 4.4－7（c）所示,同理可知,电荷仍只在与 x 轴垂直的两个平面上出现,极性是上边正,下边负。由式(4.4－5)可知,它产生电荷 q_y 的大小为

$$q_y = d_{12} \cdot \frac{A_{js}}{A_{sy}} \cdot F_y = d_{12} \cdot \frac{a}{c} \cdot F_y \tag{4.4-8}$$

式中:d_{12} 为石英晶体在 y 轴方向上受力时的压电系数,a,c 为石英晶片的长度和厚度。

这种沿机械轴 y 方向施加作用力,而在垂直于 x 轴晶面上产生电荷的现象称为"横向压电效应"。

根据石英晶体的对称性,有 $d_{12} = -d_{11}$,故有

$$q_y = -d_{11} \cdot \frac{a}{c} \cdot F_y \tag{4.4-9}$$

式中负号表示沿 y 轴的压力产生的电荷与沿 x 轴施加的压力产生的电荷极性相反。

由上述公式可知,沿电轴 x 方向对晶片施加作用力时,极化面产生的电荷量与晶片的几何尺寸无关;而沿机械轴 y 方向对晶片施加作用力时,产生的电荷量与晶片的几何尺寸有关。适当选择晶片的尺寸参数,可以增加电荷量,提高灵敏度。

2) 压电陶瓷的正压电效应机理

压电陶瓷是另一种常见的压电材料,目前使用较多的是锆钛酸铅（PZT）和铌镁酸铅（PMN）。它与石英晶体不同,压电陶瓷是人工制造的多晶体压电材料。

在压电陶瓷内部有无数自发极化的电畴,在无外电场作用时,这些电畴的极化方向杂乱无

章,各自的极化效应相互抵消,使原始的压电陶瓷对外显电中性,这时对它施加压力也不显电性,即原始的压电陶瓷不具有压电特性,如图 4.4－8(a)所示。

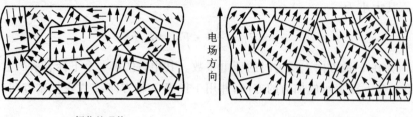

(a) 极化处理前　　　　　　　　　(b) 极化处理后

图 4.4－8　压电陶瓷的电畴示意图

为了使压电陶瓷具有压电效应,必须对它进行极化处理。所谓极化处理,就是在一定温度下对压电陶瓷外加强大的直流电场,使电畴的极化方向都趋向于外电场方向的过程。实验证明,外加电场愈强,趋向于外加电场方向的电畴就越多,当外加电场强度达到 20～30 kV/cm 时,可使材料极化达到饱和的程度,即所有电畴极化方向都与外电场方向一致,经过 2～3 小时后,当外加电场去掉后,电畴的极化方向也基本不变,即存在着很强的剩余极化强度,如图 4.4－8(b)所示。这时的压电陶瓷就具有了压电特性。它的极化方向就是外加电场的方向,通常定义为压电陶瓷的 z 轴方向。在垂直于 z 轴的平面上,可任意选择两条正交轴,作为 x 轴和 y 轴。对于 x 轴和 y 轴,其压电特性是等效的。

经过极化处理后的压电陶瓷,当受到外力作用时,电畴的上下界面发生移动,电畴发生偏转,从而引起剩余激化强度的变化,因而在这两个极化面上将出现极化电荷的变化。这就是压电陶瓷的正压电效应。

如图 4.4－9(a)所示,当沿 z 轴方向施加外力 F_z 时,因其极化面 A_{jz} 和受力面 A_{sz} 相同,根据式(4.4－5)可知,其极化电荷的变化量 q_z 与作用力 F_z 的关系为

$$q_z = d_{33} \cdot \frac{A_{jz}}{A_{sz}} \cdot F_z = d_{33} F_z \tag{4.4－10}$$

式中,d_{33} 为压电陶瓷在 z 轴方向上受力时的压电系数,其下标的意义与石英晶体相同。这就是压电陶瓷的"纵向压电效应"。

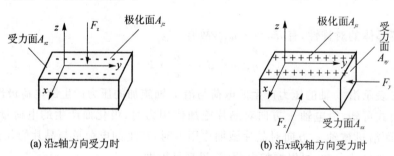

(a) 沿 z 轴方向受力时　　　　　　　(b) 沿 x 或 y 轴方向受力时

图 4.4－9　压电陶瓷片正压电效应示意图

当外力沿垂直于极化方向(亦即沿 x 轴或 y 轴方向)作用时(见图 4.4－9(b)),则极化面上产生的电荷量与作用力的关系为

$$q_x = -d_{31}\frac{A_{jz}}{A_{sx}}F_x \quad (4.4-11)$$

$$q_y = -d_{32}\frac{A_{jz}}{A_{sy}}F_y \quad (4.4-12)$$

式中：d_{31} 为在 x 轴方向上受力时的压电系数；d_{32} 为在 y 轴方向上受力时的压电系数。根据压电陶瓷的对称性，有 $d_{31}=d_{32}$。

压电陶瓷具有非常高的压电系数，为石英晶体的几百倍，所以采用压电陶瓷制作的压电式传感器灵敏度较高。

(2) 压电元件的等效电路

由压电元件的工作原理可知，压电元件可以看作一个电荷发生器。同时，它也可以看作是一个电容器，其电容量为

$$C_a = \frac{\varepsilon_0 \varepsilon_r A}{d} \quad (4.4-13)$$

式中：A 为压电片聚集电荷面的面积（m^2）；d 为两聚集电荷面之间的距离（m）；ε_0 为真空介电常数；ε_r 为压电材料的相对介电常数。于是，可把压电元件等效为一个电荷源与一个电容器并联的电路，如图 4.4 - 10 (a) 所示。

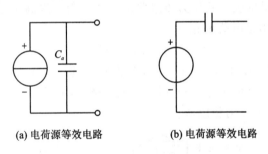

(a) 电荷源等效电路　　　(b) 电荷源等效电路

图 4.4 - 10　压电式传感器的等效电路

由于电容器上的开路电压 u_a、电容 C_a 与压电效应所产生的电荷 q 三者的关系为

$$u_a = \frac{q}{C_a} \quad (4.4-14)$$

所以压电元件也可以等效为一个电压源与一个电容器相串联的电路，如图 4.4 - 10 (b) 所示。

(3) 压电式传感器的组成

由于单片压电元件受力所产生的电荷比较微弱，为了提高灵敏度，通常选用两片（或两片以上）同型号的压电元件组合在一起构成压电式传感器。如图 4.4 - 11 所示，由于压电元件的电荷是有极性的，因此接法也有两种。

一种接法如图 4.4 - 11 (a) 所示，两压电片的负端连在一起作为负极，而正端连在一起作为正极。从电路上看，相当于两个电容器并联；另一种接法如图 4.4 - 11 (b) 所示，两个压电片的不同极性端黏结在一起，正负电荷相互抵消，从电路上看，相当于两个电容器串联。

由以上分析可知，图 4.4 - 11 (a) 所示的这种连接方式构成的压电式传感器输出电荷大，本身电容也大，时间常数大，故适合于测量缓慢变化的信号，并且适用于以电荷为输出量的

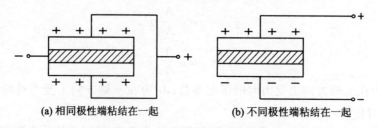

(a) 相同极性端粘结在一起　　(b) 不同极性端粘结在一起

图 4.4-11　压电式传感器的组成形式

场合。

图 4.4-11(b)所示的这种连接方式构成的压电式传感器输出电压大,本身电容小,故适用于以电压作为输出信号,并且测量电路输入阻抗比较高的场合。

在压电式传感器中,利用纵向压电效应的较多,并把它做成圆片状。当然,也有利用其横向压电效应的。当有外力作用时,压电元件上就有电荷产生。但因为压电元件本身具有泄漏电阻,所以它产生的电荷不能较长时间地保持。因此,它只能用于动态测量,而不能用于静态测量。这是和扩散硅压力传感器所不同的地方,使用时必须引起注意。

(4) 常见压电式压力传感器及其应用

图 4-29 所示为常见的膜片式压力传感器结构图。为了提高灵敏度,压电元件采用两片石英晶片并联而成。输出总电荷量 q。

$$q = 2d_{11}Ap \tag{4.4-15}$$

式中:d_{11} 为石英晶片的压电常数(C/N),A 为膜片的 c 有效面积(m^2),P 为压力(Pa)。这种压力传感器不但有较高的灵敏度和分辨率,而且体积小、重量轻、工作可靠、测量频率范围宽,是一种应用较为广泛的压力传感器。

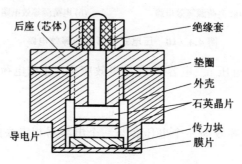

图 4.4-12　膜片式压电压力传感器结构

3. 电容式压觉传感器

电容式压力传感器是以电容为敏感元件将被测压力变化转换成电容量变化的器件。下面介绍它的测压原理。

(1) 单电容的测压原理

通过任务二中介绍的电容知识可知,当动极板受到压力 p 作用时,就会使电容器的极距 d 变小,从而引起电容量 C 变大。显然,这时电容量 C 就是压力 p 的函数,即 C＝f(p)。由此可知,只要测出 C 的变化,就可知道被测压力 p 的大小。这就是单电容压力传感器的测压原理。

变极距单电容传感器的输出特性不是线性关系,而是非线性关系。当电容极板间距在压力作用下变化量较小时,极板间距 d 越小,变极距电容传感器的灵敏度就越高。所以变极距电容传感器的极板间距通常都比较小,一般在 $25\sim 200\mu m$ 之间。最大变化量应小于极板间距的 1/10,否则将引起较大的非线性误差。

(2) 差动电容压力传感器

为了提高灵敏度,改善非线性,电容传感器经常做成差动形式。平行板差动电容器的结构如图 4.4-13 所示,其中两边为固定不动的定极板,中间为上下可移动的动极板。

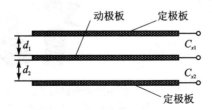

图 4.4-13　平行板变极距差动电容器

当动极板受到压力 p 的作用上下移动时,则 d_1、d_2 都变化,从而使 C_{x1}、C_{x2} 也都变化,显然它们的变化与压力 p 大小有关。只要测出这两个电容的变化,就可知道被测压力 p 的大小。

变极距电容传感器做成差动后,其灵敏度增加了一倍,并且非线性误差也大大降低。

(3) 常见电容式压力传感器及应用

图 4.4-14 所示为一种典型的电容式压差传感器结构示意图,它实际是一个变极距差动电容器。

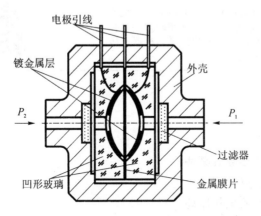

图 4.4-14　电容式压差传感器结构示意图

图中金属膜片为动极板,两个在凹形玻璃上电镀的金属层为定极板。当被测压力差作用于金属膜片并使之产生位移时,两个电容量,一个增大,一个减小。如果把一端接被测压力,另一端与大气相通,就可以实现表压力的测量。

三、任务完成

仿生机械手臂要实现握力的精确控制,就必须构成对握力的反馈控制环,反馈信息的来源就是压觉传感器。机械手在抓取球形物体使其指尖部分与球体接触,握力通过接触面施加到球体上。在机械手与球体接触面部分安装压觉传感器,并将传感器采集到的受力信息发送到机械手中,就实现了握力的闭环控制。在其他需要压觉传感器对受力进行检测时,同样需要根据可用空间、精度要求以及价格要求对压觉传感器进行选择。

四、任务拓展

如图所示为机械手臂抓取易拉罐的动作演示,用于测试机器人稳定抓起易拉罐并不造成易拉罐变形。查找有关资料,说明该机器人手爪装有哪些传感器?怎么实现抓取过程?

五、任务小结

随着机器人技术的发展,工业生产逐渐由自动化向智能化的方向迈进,智能生产线逐渐成为未来发展的趋势,而智能型传感器是实现智能化生产的前提。压觉传感器对机器人的柔性生产和精确控制具有非常重要的作用,因此也是学习机器人传感器需要掌握的重点。

六、思考与练习

1. 微动开关怎么分类?
2. 霍尔传感器的主要参数有哪些?
3. 电容式传感器的特点有哪些?
4. 简述光电式传感器的工作原理。
5. 对机器人系统中常用的传感器进行举例,并对其特点进行描述。
6. 握力传感器在机器人控制中有什么作用?
7. 什么压电效应?
8. 压电式传感器有哪些组成形式?具有什么特点?

项目五　力觉传感器

力觉传感器又称力或力矩传感器。工业机器人在进行装配、搬运、研磨等作业时需要对机器人的"力"进行检测,包括机器人各关节伺服系统的驱动力矩检测、腕力检测、手爪末端指力检测等。

力觉传感器是机器人控制系统的反馈环节,精确、稳定的力觉反馈构成机器人力或力矩控制的闭环回路,可以有效实现机器人对"力"的精确控制。项目四中介绍了压觉传感器的内容,通过压电式、压阻式以及电容式的压觉感知原理设计的压觉传感器侧重机器人的触觉感知,通过压觉传感器确定机器人接触物体的形状、材质、软硬程度等信息。与压觉传感器不同,力觉传感器则侧重力或力矩的测量,即通过传感器的感知信号确定机器人输出或物体施加在机器人部件上的力的大小和方向。

力觉传感器都是通过弹性敏感元件将被测力或力矩转换成某种位移量或者形变量,然后通过各自的敏感介质把位移量或形变量转换成能够输出的电量反馈给机器人。力觉感知主要包括腕力、关节力、指力等。

任务一　关节力的检测

关节力传感器的作用是测量驱动器本身的输出力和力矩,用于机器人关节运动控制的力的反馈。机器人必须能够灵敏地感知每个关节受力的变化才能为整个系统提供感知信息,而传感器的分辨率等因素影响着整个系统的精度。

一、任务提出

图 5.1-1　ABB 工业机器人

图5.1-1所示为一款ABB工业机器人,属于六轴多功能机器人,其在运行中要保证六个工作轴的协调运行,并能在过载时及时保护和报警。那么,这款工业机器人如何实现对每个关节的受力检测和控制?

二、任务信息

金属电阻应变片的优点是性能稳定、线性度好、测量精度高,因此在力觉测量中得到了广泛引用。

1. 金属电阻应变片

(1) 金属电阻的应变效应

当金属材料在外界力的作用下产生机械变形时,它的电阻值相应发生变化的现象,称为金属电阻的应变效应。

如图 5.1-2 所示,设一根长度为 l、横截面积为 A、电阻率为 ρ 的电阻丝,在未受力时原始电阻 R 为

$$R = \frac{\rho l}{A} \tag{5.1-1}$$

图 5.1-2 电阻丝受力电阻变化原理

当电阻丝受到拉力 F 作用时,由于长度 l、横截面积 A、电阻率 ρ 都将发生微小变化,故引起电阻 R 的变化,其变化量可对式(5.1-1)求全微分得出,即

$$dR = \frac{\partial R}{\partial L}dl + \frac{\partial R}{\partial A}dA + \frac{\partial R}{\partial \rho}d\rho \tag{5.1-2}$$

用相对变化量表示,得

$$\frac{dR}{R} = \frac{dl}{l} - \frac{dA}{A} + \frac{d\rho}{\rho} \tag{5.1-3}$$

设原电阻丝的半径为 r,则 $A = \pi r^2$。

$$dA = 2\pi r dr \tag{5.1-4}$$

$$\frac{dA}{A} = \frac{2dr}{r} \tag{5.1-5}$$

由材料力学可知,在弹性范围内,电阻丝受拉力时,其轴向应变 dl/l 与沿径向应变 dr/r 的关系可用下式表示

$$\frac{dr}{r} = -\mu \frac{dl}{l} \tag{5.1-6}$$

式中:μ 为电阻丝材料的泊松比,负号表示与应变方向相反。

令 dl/l=ε,则

$$\frac{dr}{r} = -\mu\varepsilon \tag{5.1-7}$$

$$\frac{dA}{A} = \frac{2dr}{r} = -2\mu\varepsilon \qquad (5.1-8)$$

得

$$\frac{dR}{R} = (1+2\mu)\varepsilon + \frac{d\rho}{\rho} \qquad (5.1-9)$$

对于金属丝来说,由于 $d\rho/\rho \ll (1+2\mu)\varepsilon$,所以金属丝电阻的相对变化量主要有 $(1+2\mu)\varepsilon$ 决定。即

$$\frac{dR}{R} \approx (1+2\mu)\varepsilon \qquad (5.1-10)$$

令 $K_0 = (1+2\mu)$,则

$$\frac{dR}{R} = K_0\varepsilon \qquad (5.1-11)$$

式中 K_0 称作金属丝的灵敏系数,它的含义是单位应变所引起电阻值的相对变化量。

由于大多数金属材料的泊松比 μ 在 0.3~0.5 之间,所以 K_0 的数值在 1.6~2.0 之间。大量实验证明,在金属丝拉伸极限内,电阻的相对变化量与应变成正比,即 K_0 为常数。这就是金属导体应变效应的理论依据。

(2) 金属电阻应变片的结构

金属电阻应变片主要由敏感栅、基片、覆盖层和引线四部分组成,如图 5.1-3 所示。

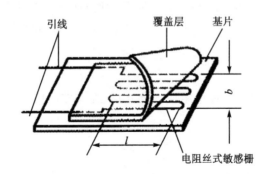

图 5.1-3 金属应变片的基本结构

其中,敏感栅是核心部件,也是电阻应变片的测量敏感部分,它粘贴在绝缘基片上。基片和覆盖层起定位和保护作用,并使敏感栅和被测试件之间绝缘。

其中,$b \times l$ 称作应变片的使用面积,应变片的规格一般以使用面积和电阻值来表示,如 $3 \times 10 mm^2$、120Ω。

(3) 金属电阻应变片的材料及粘贴

应变片的特性与所用材料的性能密切相关。因此,了解应变片各部分所用材料及其性能有助于正确选择和使用。

1) 敏感栅材料

由于康铜具有灵敏系数稳定性好、在弹性变形范围内保持为常数、电阻温度系数小且稳定、易加工、易焊接等优点,因而在国内外成为制作敏感栅的主要材料。

2）基片和覆盖层材料

基片和覆盖层的材料主要是由薄纸和有机聚合物制成的胶质膜,特殊的如石棉、云母等。

3）粘　　贴

应变片在使用时通常要用粘贴剂把它牢固地粘贴到试件上,因而要求粘贴剂的黏接力强、固化收缩小、耐湿性好、化学性能稳定、有良好的电气绝缘性能和使用工艺性等。

(4) 金属电阻应变片的横向效应

当应变片受到纵向拉力使纵向敏感栅伸长的同时,必将使横向敏感栅缩短。其结果是轴向敏感栅部分的电阻值增加,而横向敏感栅部分的电阻值变小,从而使金属丝栅电阻的总变化量比金属丝电阻的总变化量要少,这种现象称作电阻应变片的横向效应。

当应变片受到左右方向的拉力时,则敏感栅的纵向电阻丝将伸长,而两端的横向电阻丝将缩短。根据电阻丝的应变效应可知,在纵向方向伸长的电阻丝电阻将增大,而在两端弯曲部分缩短的电阻丝电阻将减少。因纵向电阻丝和横向电阻丝是串联的,从而抵消了一部分电阻的增加,使总的敏感栅丝电阻比原直线电阻丝的电阻要小。一般来说,弯曲半径越大,横向效应也越大。为了减少横向效应,现在一般多采用箔式应变片。

(5) 金属电阻应变片的主要参数

1）电阻值 R

电阻值 R 是指电阻应变片在没有粘贴、也不受力时,在室温下的电阻值。目前电阻应变片的电阻值已经标准化,现有 60Ω、120Ω、250Ω、350Ω、600Ω 和 1000Ω 等多种系列,其中最常用的是 120Ω。

2）灵敏系数 K

理论和实验证明,将电阻丝做成电阻应变片式后,在一定的应变范围内,$\Delta R/R$ 与 ε 仍呈线性关系,即

$$\frac{\Delta R}{R} = K\varepsilon \qquad (5.1-12)$$

式中:K 称作应变片的灵敏系数,一般都有 $K < K_0$。

3）最大工作电流 I_m

最大工作电流是指在电阻应变片正常工作时允许通过电阻应变片的最大电流值。工作电流大,应变片输出信号就大,但过大会使应变片本身过热,甚至把应变片烧毁。

通常允许电流值在静态测量时取 $25mA$ 左右,动态测量时可达 $75 \sim 100mA$,箔式电阻应变片则可更大些。

4）绝缘电阻

绝缘电阻是指敏感栅和基底之间的电阻值,即应变片的引线与被测试件之间的电阻值。该阻值一般要求在 $1\,000\Omega$ 以上,阻值过小将使灵敏度降低,使测量产生较大误差。绝缘电阻的大小取决于黏接剂及基底材料的种类,以及防潮措施等。

5）应变极限

应变极限是指在一定的温度下,指示应变值与真实应变值的相对差值不超过规定值时的

最大真实应变值。差值一般规定为10%,即当指示应变值大于真实应变值的10%时,真实应变值就是应变片的应变极限。

(6) 电阻应变片的温度特性及补偿

由于测量现场环境温度的改变而给测量带来的附加误差,称为应变片的温度误差。产生应变片温度误差的主要因素有两个:一是电阻温度系数的影响;二是试件材料和电阻丝材料的线膨胀系数的影响。

为了消除温度影响,应对它进行温度补偿。电阻应变片的温度补偿方法主要有选择式自补偿、组合式自补偿和电桥补偿三种,下面就介绍这三种温度补偿方法

1) 选择式自补偿法

只要选择试件材料就能实现温度的自动补偿作用。利用这种方法制作的应变片,称作选择式温度自补偿应变片。

2) 组合式自补偿法

图 5.1-4 所示为组合式温度自补偿应变片的结构。它利用电阻材料的温度系数有正、有负的特性,使两段敏感栅随温度变化而产生的电阻增量大小相等,符号相反来实现自补偿。

3) 电桥补偿法

电桥补偿电路如图 5.1-5(a)所示。图中 R_1 是测量用应变片,粘贴在被测试件上。R_2 是与 R_1 相同的应变片,粘贴在与被测试件材料完全相同的补偿块上(见图 5.1-5(b))。

测量应变时,把补偿块与被测试件置于相同的工作环境里,仅 R_1 应变片受力,而 R_2 应变片不受力,该电

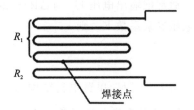

图 5.1-4 组合式自补偿应变片结构

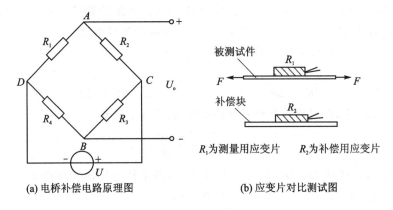

(a) 电桥补偿电路原理图　　(b) 应变片对比测试图

图 5.1-5 电桥补偿电路

桥的输出电压与环境温度基本无关,实现了温度的自动补偿。

2. 电阻应变片测量转换电路

除了上述的金属电阻应变片,在项目四中介绍的具有压阻特性的半导体应变片同样可以用于制作力觉传感器。

电桥的四个电阻在 $R_1=R_2=R_3=R_4$ 的平衡条件下,电桥的不平衡输出电压灵敏度最高。故在工程应用中,电桥测量电路的平衡条件通常取四个电阻相等,常用的有单臂、双臂和全桥三种形式,现分别介绍如下。

1)单臂直流电桥测量电路

电阻应变片单臂电桥测量转换电路结构如图 5.1-6 所示。其中 R_1 为电阻应变片,$R_2=R_3=R_4=R$ 为固定电阻。

设应变片在不受力时的电阻值为 R,受力后为 $\Delta R+R$,则受力后的不平衡输出电压为

$$U_o = \left(\frac{R+\Delta R}{R+\Delta R+R} - \frac{1}{2}\right)U = \frac{\Delta R/R}{2(2+\Delta R/R)}U \quad (5.1-13)$$

由于 $\Delta R \ll R$,则分母中的 $\Delta R/R$ 可忽略,则上式可写成

$$U_o \approx \frac{U\Delta R}{4R} \quad (5.1-14)$$

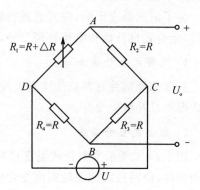

图 5.1-6 单臂电桥测量转换电路

通常把输出电压 U_o 与 $\Delta R/R$ 的比值定义为电桥的电压灵敏系数 K_u,则

$$K_u = \frac{U_o}{\Delta R/R} = \frac{U}{4} \quad (5.1-15)$$

由上式可见,单臂电桥结构简单,但存在非线性误差,测量精度低。

2)双臂直流电桥测量电路

当用两块相同的电阻应变片测量时,应采用双臂电桥测量转换电路。若两块电阻应变片,一块受拉应变,另一块受压应变,应采用如图 5.1-7(a)所示的测量电路。若两块电阻应变片都受拉应变或都受压应变,应采用如图 5.1-7(b)所示的测量电路。

如图 5.1-7(a)所示,电桥的不平衡输出电压为

$$U_o = \left(\frac{R+\Delta R_1}{2R+\Delta R_1-\Delta R_2} - \frac{1}{2}\right)U = \frac{U}{2} \cdot \frac{\Delta R_1+\Delta R_2}{2R+\Delta R_1-\Delta R_2} \quad (5.1-16)$$

当 $\Delta R_1 = \Delta R_2 = \Delta R$ 时称作半桥差动测量电路,代入上式得

$$U_o = \frac{U}{2} \cdot \frac{\Delta R}{R} \quad (5.1-17)$$

上式表明,输出电压 U_o 和 $\Delta R/R$ 呈线性关系,即半桥差动测量电路无非线性误差,而且电桥的电压灵敏系数 $K_u = U/2$,是单臂电桥的 2 倍。

如图 5.1-7(b)所示,电桥的不平衡输出电压为

$$U_o = \left(\frac{R+\Delta R_1}{2R+\Delta R_1} - \frac{R}{2R+\Delta R_3}\right)U \quad (5.1-18)$$

当 $\Delta R_1 = \Delta R_3 = \Delta R$ 时得

$$U_o = \frac{\Delta R}{R(2+\Delta R/R)}U \quad (5.1-19)$$

由于 $\Delta R \ll R$,分母中的 $\Delta R/R \ll 1$ 可忽略,则上式可写成

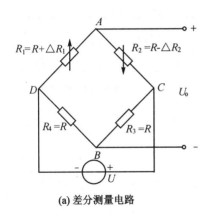
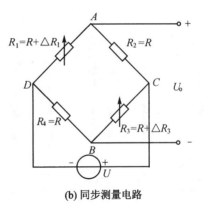

(a) 差分测量电路　　　　　　　　(b) 同步测量电路

图 5.1-7　双臂电桥测量转换电路

$$U_o \approx \frac{U}{2} \cdot \frac{\Delta R}{R} \quad (5.1-20)$$

输出电压 U_o 和 $\Delta R/R$ 近似呈线性关系,而且电桥的电压灵敏系数 $K_u=U/2$,也是单臂电桥的 2 倍,但该电路没有温度补偿作用。

3) 全桥测量转换电路

若将电桥四臂都换成四个相同的应变片,其中两个受拉应变的接入相对桥臂,另两个受压应变的接入剩余的两个桥臂(见图 5.1-8)。则电桥的不平衡输出电压为

$$U_o = \left(\frac{R+\Delta R_1}{2R+\Delta R_1-\Delta R_2} - \frac{R-\Delta R_4}{2R+\Delta R_3-\Delta R_4} \right) U \quad (5.1-21)$$

特别是当 $\Delta R_1 = \Delta R_2 = \Delta R_3 = \Delta R_4 = \Delta R$ 时又称作全桥差动测量电路,代入式(5.1-21)得

$$U_o = U \cdot \frac{\Delta R}{R} \quad (5.1-22)$$

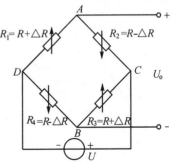

图 5.1-8　全桥测量转换电路

上式表明,全桥差动电路不仅没有非线性误差,而且电压灵敏度 $K_u=U$,是单臂电桥的 4 倍,同时仍具有温度补偿作用,是最理想的测量电路,在实际测量中被广泛使用。

3. 应变式力传感器

(1) 柱(筒)式力传感器

图 5.1-9(a) 及图 5.1-9(b) 所示为柱(筒)式力传感器结构示意图。

由材料力学可知,当截面为 A 的圆柱(筒)受轴向力 F 作用时,其圆柱(筒)将发生弹性变形,从而引起轴向应变,产生差动信号。

为了提高灵敏度和温度补偿作用,对称地粘贴 8 片应变片,其中 4 个沿着环向粘贴,4 个沿着轴向粘贴。贴片位置展开图及测量电路如图 5.1-9(c) 及 5.1-9(d) 所示,将 R_1 和 R_3 串接、R_2 和 R_4 串接并置于相对桥臂上,以减小载荷偏心和弯矩影响;将 R_5 和 R_7 串接、R_6 和 R_8

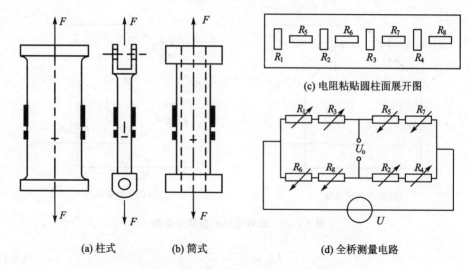

(a) 柱式　　　(b) 筒式　　　(d) 全桥测量电路

图 5.1-9　圆柱(筒)式力传感器结构及测量电路

串接接于另两个桥臂上来实现全桥差动测量。

(2) 悬臂梁式力传感器

悬臂梁式力传感器一般用于较小力的测量,常见的结构形式有等面积和等强度两种形式。其具体结构如图 5.1-10 所示。

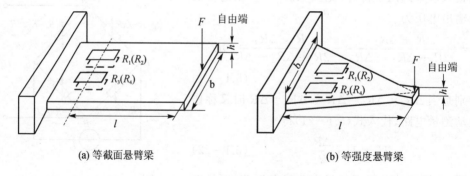

(a) 等截面悬臂梁　　　(b) 等强度悬臂梁

图 5.1-10　悬臂梁式力传感器的结构

外力 F 从上往下作用在悬臂梁的自由端时,梁就发生弯曲变形,在它的上表面产生正应变,而下表面产生负应变。在悬臂梁式力传感器中,一般将 4 个完全相同的应变片贴在距固定端较近的表面,且顺梁的方向上、下各贴 2 片,当上面 2 个应变片受拉时,下面 2 个正好受压,并将 4 个应变片组成全桥差动测量电路。这样既可提高输出电压灵敏度,又可起温度补偿的作用,并且基本没有非线性误差。

4. 关节力矩传感器

关节力矩传感器集成于模块化关节内部,通过检测关节输出力矩信息来实现机械臂的主动柔顺控制,进而增强机械臂对周围环境的认知能力。

应变片式力觉传感器具有精度高、稳定性好、成本低和适用面广等优点,且通过结构优化可以应用于较为恶劣的环境,故现有的关节力矩传感器一般是基于应变片进行设计和生产的。

(1) 关节力矩传感器弹性体形状的选择

应变式力觉传感器需要设计相应的弹性体,并将应变片粘贴到的相应的位置。关节力矩传感器的弹性体有两种,如图 5.1-11 所示。

第一种形状的关节力矩传感器弹性体的 2 个端面平行且均低于力矩传感器的端面。如图 5.1-11(a)所示,弹性体内部是正八边形的中心孔,法兰圆周上每隔 90°有 1 个弹性应变区,弹性应变区的 1 个端面有 1 个槽,槽的背面粘贴应变片。圆周法兰上有 16 个螺纹孔,分为 2 组,间隔的 8 个螺纹孔为一组,另外 8 个间隔的螺纹孔为另一组。一组与力矩的输入端(一般为谐波减速器)相连,另外一组与关节的输出端相连,所有的螺纹孔关于应变区对称,两相邻应变区中间的 2 个螺栓孔之间有个开口槽。

图 5.1-11 关节力矩传感器弹性体结构

第二种形状的关节力矩传感器弹性体采用剪切轮辐式弹性元件,共有 4 个弹性应变区,用弹性体的剪切应变测量力矩。输入螺栓孔在内侧的法兰盘上,输出螺栓孔在外侧的法兰盘上,2 个弹性应变区之间的悬臂梁为关节力矩传感器提供过载保护。这种结构形式的主要特点是:结构精度高、线性好、抗偏心载荷和侧向力强、输出灵敏度高、可承受较大荷载并有超载保护能力,并且当关节采用谐波减速器时,此类型的力矩传感器可以减小谐波刚轮的变化对力矩测量的影响。

(2) 关节力矩传感器安装位置的选择

机械臂关节采用模块化设计理念,力矩传感器内侧固定于谐波减速器的输出端,通过锁紧螺母与柔轮连接,以便于直接检测关节承受的动态力矩。为了避免外界干扰力直接耦合到力矩传感器,没有将力矩传感器作为输出接口,而是通过关节外壳和交叉滚子轴承等中间环节的缓冲作用,将干扰作用降到最小。根据关节安装要求,同时为了避免力矩传感器信号处理线路产生故障,将力矩传感器电路板直接固定到力矩传感器的端面。

在选择关节力矩传感器时,要保证应变梁对于所测力具有较好的灵敏度,并且传感器应具有高分辨率、高线性度、高稳定性、可靠的承载能力以及较好的结构对称性。

三、任务完成

工业机器人每个关节都包含有伺服电机和谐波减速器,关节的动力由伺服电机转动并经过谐波减速器输出,带动后端的连杆动作。合理选择关节力矩传感器的安装位置,可以将外界的干扰降低到最小,从而可以对关节输出力矩进行动态检测,并能在过载发生时给出保护信号防止关节和连杆的损伤。关节力传感器是机器人运动控制中比不可少的传感器部件。

四、任务拓展

图中码垛机器人在搬运物体进行码垛作业时，可以通过自身传感器感知物体的重量，查找相关资料，说明码垛机器人如何感知手爪上物体的轻重？

五、任务小结

关节力矩传感器是机器人协调运行必需的传感器，也是智能型机器人进行受力分析、柔顺运行、负载估计等重要功能的信息来源。关节力矩传感器的精度和特性不仅与应变片材料有关，还与应变片粘贴的弹性框架有关，并且需要根据要求安装到合适的位置才能发挥最大的效力。

任务二　装配时的腕力检测

机器人在进行装配作业时需要遵循一定的装配要求，如工序、力量等。为满足装配要求，需要对腕力进行检测，即需要在机器人系统中安装腕力传感器，以实现机器人对作用在末端执行器上的各方向的力的测量。

一、任务提出

图 5.2－1　机器人腕部

图5.2-1所示为机器人的腕部结构，机器人通过腕部将整个系统的输出力传递到机器人执行器末端，以完成任务。不同于关节力矩传感器对机器人每个关节承受的力的检测，机器人需要在腕部检测其在三维空间中承受的力和力矩，如何实现？

二、任务信息

图 5.2-2 所示为机器人手腕用力矩传感器的原理,驱动轴 B 通过装有应变片 A 的腕部与手部连接。当驱动轴回转并带动手部拧紧螺钉 D 时,手部所受力矩的大小通过应变片电压的输出侧得。

作用在一点的负载,包含力的 3 个分量和力矩的 3 个分量,能够同时测出这 6 个分量的传感器是六轴力觉传感器。机器人的力控制主要控制机器人手爪任意方向的负载分量,因此需要六轴力觉传感器。六轴传感器一般安装在机器人手腕上,因此也称为腕力传感器。

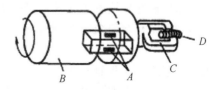

图 5.2-2 机器人腕力传感器原理图

1. 筒式腕力传感器

二层重叠并联结构型六轴力觉传感器,由上下两层圆筒组合而成。上层由 4 根垂直梁组成,而下层由 4 根水平梁组成。在 8 根梁的相应位置上粘贴应变片作为提取力信号敏感点,每个敏感点的位置是根据直角坐标系要求及各梁应变特性所确定的。传感器两端可以通过法兰连接而装于机器人腕部。当机械手受力时,弹性体的 8 根梁将会产生不同性质的变形,每个敏感点将产生应变。通过应变片将应变变换为电信号。若每个敏感点被认为是力的信息单元,并按坐标进行标定,则可由下列表达式解算出 X、Y、Z 三个坐标轴上力与力矩的分量。

这种结构形式的特点是传感器在工作时,各个梁均已弯曲应变为主而设计,所以具有一定程度的规格化,合理的结构设计可使各梁灵敏度均匀并得到有效提高,但结构比较复杂。

2. 十字形腕力传感器

十字形弹性体构成的腕力传感器以十字形所形成的 4 个臂作为工作梁,在每个梁的 4 个表面上选取测量敏感点,通过枯贴应变片获取电信号。4 个工作梁的一端与外壳连接。

SAFS-1 型十字形腕力传感器实体结构图。它是将弹性体 3 固定在外壳 1 上,而弹性体另一端与端盖 5 相连接。图中 2 为线路板,4 为过载保护用的限位器。

十字形腕力传感器的特点是结构比较简单,坐标容易设定并基本上认为其坐标原点位于弹性体几何中心,但要求加工精度比较高。

3. 三梁腕力传感器

三梁腕力传感器的内圈和外圈分别固定于机器人的手臂和手爪,力沿与内圈相切的 3 根梁进行传递。每根梁上下、左右各贴一对应变片,3 根梁上共有 6 对应变片,分别组成 6 组半桥,对这 6 组电桥信号进行解耦可得到六维力(力矩)的精确解。三梁腕力传感器结构如

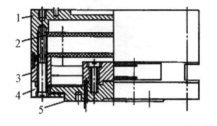

1—外壳;2—线路板;3—弹性体;4—限位器;5—端盖

图 5.2-3 SAFS-1 型十字形腕力传感器实体结构图

图 5.5-6 所示。

4. 机器人的碰撞检测

随着机器人应用范围的扩大,机器人的安全运行要求也越来越严格,机器人在运行中与工件或附近物体发生碰撞是影响机器人安全运行的主要因素之一,目前在机器人使用中防止碰撞发生通常采用的措施是加装超声波、视觉传感器等专门负责轨迹监控和规避碰撞的传感器。

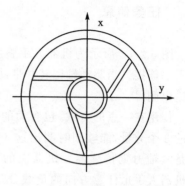

图 5.2-4 三梁腕力传感器结构

但是为了进一步保证机器人的运行安全,一旦发生碰撞就需要机器人立即做出反应,停止运动并保持姿态,因此碰撞检测是机器人必备的一项功能。

腕力传感器是实现机器人对手爪末端发生碰撞情况进行检测的常用传感器,在碰撞发生时,机器人的运动状态会发生突然的改变,从而引起腕力传感器的受力的变化,产生力信号的突变。机器人的碰撞检测算法对腕力传感器的信号进行分析,检测到碰撞后发出紧急制动指令,机器人停止运动。

三、任务完成

腕力传感器是测量机器人腕部受力情况的力觉传感器,根据不同机器人的特点,腕力传感器的结构有所不同,从结构、体积和复杂程度方面综合分析,根据实际需求选择相应的腕力传感器可使机器人获得更好的控制效果。

四、任务拓展

服务机器人已经取得了许多成果,并且正在实现向实用领域的转化。查找有关资料并思考,服务机器人如何通过学习实现平稳取送饮料和食品?腕力传感器起到了什么作用?

五、任务小结

机器人的手腕是连接机器人本体与末端执行器的环节，腕力传感器可以感知机器人的作用力和末端执行器所受的作用力，包括力的反馈和工件的重力。通过腕力传感器对外界受力进行感知和记忆，可以使机器人在重复作业时智能调整，达到更加智能化的生产阶段。

任务三　机械手指力的检测

机器人末端执行器是指机器人作业操作部件。按末端执行器作业任务不同,可分为工具型末端执行器和夹持器2大类。其中工具型末端执行器是将作业工具直接作为机器人操作器,如吸附盘,焊枪,喷枪等。夹持器则主要用于抓取、装配等作业。

在机械手抓取物体的操作中,除了采用腕力传感器测量机械手末端执行器与环境之间的作用力之外,还需要知道夹持器手指与物体之间的作用力,通过对指力的分析可以判断抓取操作是否稳定。

一、任务提出

如图5.3-1所示，仿生机械手可以模仿人的动作轻轻抓起一个光盘。在该动作过程中，机器人如何感知光盘并在多个手指不冲突的情况下完成抓取动作？

图 5.3-1　机器人抓取光盘

二、任务信息

指力传感器由弹性体机械部分和信号处理系统两大部分构成。弹性体机械部分如图5.3-2所示,主要由指尖、弹性体和固定装置三部分组成。信号处理系统包括测量电路、数据采集与放大电路、数据通信和计算机接口以及应用软件等几部分。考虑到传感器的性能指标和尺寸要求,测量电路部分、数据采集与放大电路部分和弹性体全部集成在同一个传感器本体中,数据处理部分单独固定在传感器外部。

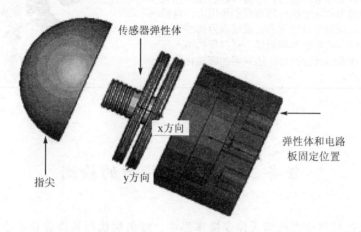

图 5.3-2 指力传感器结构图

指尖是机器人智能手爪指尖传感器中的受力体,采用半椭球形状以增大传感器受力面积和更宜人化,置于机器人智能手爪指尖传感器的顶端。指尖中间置有内螺纹,经上盖与弹性体上的圆柱体外螺纹连接,上盖中置有内螺纹和外螺纹。弹性体的结构是由 E 型膜通过下面的 2 个薄矩形金属片固定连接在圆形金属底板上,弹性体圆形金属底板中间开有小孔,便于弹性体上的测量电路与集成在底座中测量电路板相连接;E 型膜的中间是一圆柱体,圆柱体的上面有螺纹且四周是一圆形凹槽,圆形凹槽的边缘有圆槽用于放置密封圈;E 型膜外圆面上有的外螺纹与上盖内部的内螺纹连接并用螺纹密封胶密封,上盖中置有的外螺纹与底座中的内螺纹旋转连接并用螺纹密封胶密封,底座有一空腔用于在安装后放置测量电路板,下面置有引出导线用小孔和用于与机器人手爪机械连接用螺纹孔。其中指尖、上盖、底座选用不锈钢材料 $1Cr13$,弹性体选用硬铝材料 $LY12$。

弹性体是传感器中的敏感元件,是连接被测量与应变计的桥梁。弹性体结构设计是影响传感器性能的核心技术,弹性体的设计质量直接影响到传感器的各项指标精度和性能。图 5.3-3 所示为弹性体与指力传感器实物图。

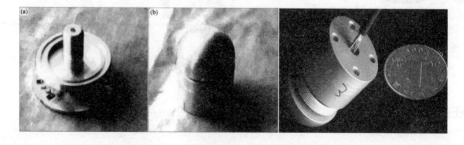

图 5.3-3 弹性体与指力传感器实物图

根据操作时手指接触模型的研究结果,要求指力传感器具有 4 个方向的力检测能力,即接触法线方向的正压力 F_x,作为夹紧力和接触觉检测;接触切平面 2 个方向的力 F_y 和 F_z 作为滑觉检测,一个绕接触面法线的转矩 M_z 作为多指夹抓取时,对目标力约束条件分析。不同于腕力传感器的六维检测,在实际应用中,四维指力传感器是最实用的力觉传感器。

由应变云图可以看出,设计的弹性体保证工作在弹性变形阶段下的同时,应变量足够大,可以被粘贴在其上的应变片感应。结合考虑应变片粘贴特点和应变分布规律,E 型膜上的应变片应粘贴在 E 型膜靠近内外圆附近位置,薄矩形片上的应变片应粘贴在对角方向上。贴片位置如图 5.3-4 所示。

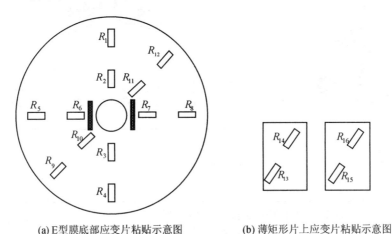

(a) E 型膜底部应变片粘贴示意图　　(b) 薄矩形片上应变片粘贴示意图

图 5.3-4　应变片粘贴位置示意图

图 5.3-5 所示为 16 片应变片组成的 4 组检测电路。其中:$R_1 \sim R_4$ 组成 U_x 组,用于检测 F_x;$R_5 \sim R_8$ 组成 U_y 组,用于检测 F_y;$R_9 \sim R_{12}$ 组成 U_z 组,用于检测 F_z;$R_{13} \sim R_{16}$ 组成 U_{M_z} 组,用于检测 M_z。

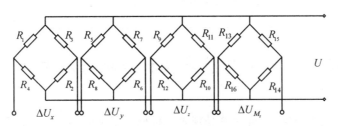

图 5.3-5　应变片组成的 4 组检测电路

三、任务完成

机器人在抓取鸡蛋时,可以利用滑觉传感器和压觉传感器配合控制将鸡蛋轻轻抓起,而在机器人的手爪抓取如光盘之类的物品或者进行触摸、按键操作时则需要指力传感器来完成任务。与腕力传感器的六维测量不同,指力传感器一般只需要四维或三维的力觉信号。目前,指力传感器正在向小微型化的方向发展,不仅用于工业机器人、类人机器人等大型机器人,还将在小型、微型机器人中大显身手。

四、任务拓展

如图所示为水下工作机器人，机械臂通过腕力传感器驱动抓手进行工作，查找有关资料，试说明该机器人在水下进行作业抓取样本时的工作过程？

五、任务小结

指力传感器广泛应用于仿生机器人的手指立决感知和工业机器人的装配、打磨等作业系统中，并在机器人的控制中起到了非常重要的作用。机器人通过腕力传感器感知末端执行期与目标之间的作用力，通过指力传感器感知手爪对目标的夹持力，两个传感器的信息传送给机器人系统后由机器人完成控制任务。指力传感器的发展方向是实现小型化，并进一步提高感知精度，在智能型机器人中发挥更大的作用。

任务四　力觉传感器在打磨机器人中的应用

对工业产品的抛光打磨、去除毛刺是现阶段机械加工中必不可少的程序，通过打磨可以调整工件的尺寸，改善操作面的光滑程度以达到精密装配的目的。为获得更加稳定、快速、精确的打磨效果，打磨机器人系统代替人工打磨已成为趋势，其中，打磨力控制是打磨机器人系统的重点和难点。

在现有的控制方法中，闭环控制是高精度控制的必然选择，这就要求信息反馈环节的通畅和精确。在打磨机器人系统中，打磨力的反馈信息主要依靠腕力传感器获得，本任务的目的就是认识腕力传感器的参数及其在打磨机器人中的应用。

一、任务提出

图 5.4-1 打磨机器人系统

 图5.4-1所示为打磨机器人系统正在对木制品进行打磨抛光,在该作业过程中需要对打磨工具的速度、位置和力度进行控制,速度和位置由机器人内部传感器和控制器进行控制,如何实现打磨力的控制?

二、任务信息

1. 力觉传感器在打磨机器人中的应用

抛光打磨是现代工业设备生产制造中必不可少的环节,目前,航空航天、船舶制造、交通运输、机械等方面对加工精度的要求越来越高,因此对打磨质量、效率、精度方面的要求也越来越高。

传统的抛光打磨主要依靠人力进行,打磨的质量取决于工人的熟练程度,并且速度和精度不稳定。正因如此,打磨机器人代替人工成为行业要求和必然趋势。

目前在打磨机器人的应用中,重点和难点是实现力的精确控制,打磨力的大小和控制稳定性直接影响打磨作业的精度和效率。在打磨过程中,如果接触力过大会造成磨削量过大,进而导致工件报废,而如果接触力过小,则会导致磨削加工效率过低,达不到打磨精度和效果。

(1)打磨机器人系统组成

打磨机器人系统由工业机器人本体、机器人控制柜、路径规划计算机、打磨工具、六维力觉传感器及打磨工作台等组成,如图 5.4-2 所示。六维力觉传感器安装在机器人六轴末端法兰盘上,用来测量在传感器坐标系下 x、y、z 三个方向所受力和力矩大小,是腕力传感器的一种。打磨工具通过连接件安装在腕力传感器的测量面。路径规划计算机用来规划打磨工具在待加工工件上的打磨路径,其输出和机器人控制柜相连。打磨机器人的加工过程为:路径规划计算机对打磨工具在工件上的打磨路径进行规划,并将规划完的机器人位置信息传递给机器人位置控制器,机器人位置控制器驱动机器人到达相应位置开始打磨,腕力传感器测量打磨工具和加工件之间的力的大小,再将测量的信息传递给力控制器,力控制器对机器人进行调节以保持打磨工具和加工件之间的力相对恒定,从而保证打磨的效果。

(2)腕力传感器介绍

打磨机器人系统选择的六轴腕力传感器为 ATI 公司的六轴力觉传感器,传感器采用的是

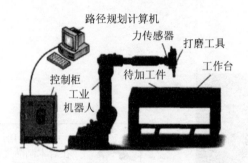

图 5.4-2 打磨机器人系统组成

硅应变原理,是基于应变片的力觉传感器。ATI 力觉传感器由传感器和调制器组成,如图 5.4-3 所示。

图 5.4-3 ATI 六轴力觉传感器

腕力传感器的工作原理是:传感器的工作部分通过应变信号感知机器人打磨工具的受力,经过调制器识别应变信号,并进行滤波处理后输出检测力觉信息。调制器可以通过多种接口与机器人系统通信,包括串口通信、以太网通信等,调制器的参数可以通过自带拨码开关或上位机访问页面修改。

ATI 力觉传感器需要提供 24V 直流电源,其技术参数如表 5.4-1 所列。

表 5.4-1 ATI 力觉传感器技术参数

名称	量程	精度	分辨率
F_x	±1 800 N	1.25%	1/4N
F_y	±1 800 N	1.25%	1/4N
F_z	±4 500 N	0.75%	1/4N
T_x	±350 Nm	1.25%	1/40Nm
T_y	±350 Nm	1.25%	1/40Nm
T_z	±350 Nm	1.00%	1/80Nm

(3) 打磨力控制

由于打磨机器人系统对控制力的特殊要求,一般需要安装力控制扩展卡。正常工作下,机器人的运动学模块和位置伺服模块构成传统的位置控制器,输入关节的位置和速度指令,经过控制器的运算输出力矩,并驱动机器人各个关节完成相应的运动,机器人各个关节电机编码器可反馈回响应位置速度信号到位置伺服模块。在加入力控制扩展卡以后,通过实时监控加工过程的测量力,同参考力比较,根据定义的规则,调节速度比率,从而维持一个相对稳定的加工过程力。打磨机器人的力控制框图如图 5.4 – 4 所示。

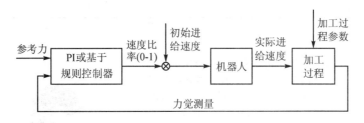

图 5.4 – 4　打磨机器人的力控制框图

三、任务完成

打磨机器人系统在进行打磨作业时,其力的控制依靠力控制扩展卡和六维力觉传感器构成闭环系统来完成,其中六维的腕力传感器的精度和响应速度直接影响打磨机器人的力度控制精度。在打磨木质和金属质地等材料的工件时,打磨工具与工业机器人本体之间通过腕力传感器进行连接,所以打磨工具所受到的力都可以有腕力传感器反馈给机器人系统。不同的工业机器人厂家各自均开发出自己的力控制扩展卡,基于的算法也有所不同,但都具有比较理想的力控制精度和稳定性。

四、任务拓展

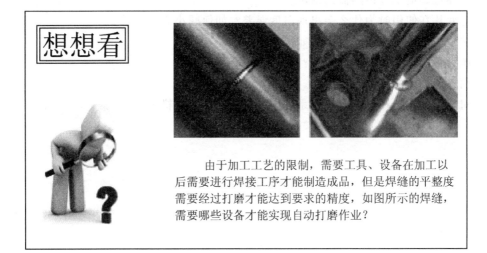

由于加工工艺的限制,需要工具、设备在加工以后需要进行焊接工序才能制造成品,但是焊缝的平整度需要经过打磨才能达到要求的精度,如图所示的焊缝,需要哪些设备才能实现自动打磨作业?

五、 任务小结

力觉传感器是机器人系统中常用的外部传感器，在高精度打磨、装配等领域得到了广泛应用，而且是实现智能制造必不可少的部分。机器人不能仅仅依靠一种传感器，而要依靠多传感器的融合。力觉传感器与触觉、滑觉、压觉、接近觉、热觉、嗅觉、听觉等多种传感器共同构成了机器人的感知系统，使得机器人朝着智能化、多功能化的方向发展。未来，随着传感器技术和传感器融合技术的发展，机器人会在越来越多的领域得到应用，生产制造业也会进入到新的阶段。

六、 思考与练习

① 什么是金属电阻丝的应变效应？它是如何产生的？
② 简述金属应变片传感器的结构。
③ 应变片在使用时为什么会出现温度误差？如何减小它？
④ 关节力矩传感器的安装位置如何选择？
⑤ 腕力传感器有哪些结构形式？应用范围有哪些？
⑥ 简述腕力传感器的组成结构。
⑦ 对腕力传感器在机器人打磨系统中的应用进行简要描述。

项目六　其他外部传感器

焊接广泛应用于机械制造、造船、海洋开发、汽车制造、石油化工、航天技术、原子能、电力、电子技术及建筑等部门。焊接产品质量的好坏很大程度上取决于焊缝技术,为了保证的焊接产品稳定性和提高劳动生产率,需要不断地提高焊接自动化的水平,发展焊缝自动跟踪技术。要想实现焊缝的自动跟踪,首先必须能检测出当前的焊缝偏差,其中的一项技术就是利用超声焊缝跟踪。

红外线在不同颜色的物体表面具有不同的反射强度,利用这一特点,采用红外传感器,智能小车可以进行巡线实验,此外,红外传感器还可用来测温、避障。

压力传感器是工业实践中最为常用的一种传感器,其广泛应用于各种工业自控环境,涉及水利水电、铁路交通、智能建筑、生产自控、航空航天、军工、石化、油井、电力、船舶、机床、管道等众多行业。

光敏传感器,也称光电传感器,一般由光源、光学通路和光电元件三部分组成。光电检测方法具有精度高、反应快、非接触等优点,而且可测参数多,传感器的结构简单,形式灵活多样,在检测和控制领域内得到广泛应用。

任务一　机器人对距离的探测

一、任务提出

超声波传感器因其对焊接中的强光以及电场、磁场等的不敏感性,越来越得到研究人员的重视。超声焊缝跟踪利用的是超声测距功能:超声传感器首先发射超声波,声波在介质中传播遇到焊件金属表面时,信号会被反射回来,并由超声传感器接收。通过计算超声信号由传感器发射一直到被接收的声程时间,可以得到传感器与焊接工件之间的垂直距离,并由此进一步推算出当前焊枪和焊缝之间的相对位置关系。为了利用测距功能得到焊接工件坡口的细部特征,必须要解决利用超声波传感器实现高精度距离测量的问题。

什么样的声波为超声波?人可以听到超声波吗?关于超声波的知识你能说出哪些?

二、 任务信息

1. 种　类

超声波传感器靠发射某种频率的声波信号,利用物体界面上超声反射、散射检测物体的存在与否。超声波在空气中传播时如果遇到其他媒介,则因两种媒质的声阻抗不同而产生反射。因此,向空气中的被测物体发射超声波,检测反射波并进行分析,从而获到障碍物的信息。

介绍超声波传感器,有必要学习了解超声波的种类和波形。

声波频率大于 20kHz,称为超声波。根据不同的分类方式,超声波的种类有所区别。

(1) 按质点振动方向和波传播方向的关系分类

按质点振动方向和波传播方向的关系分类,超声波分为横波和纵波。

① 横波:横波是质点的振动方向垂直于波的传播方向的波,如图 6.1-1 所示。横波由介质的切变弹性引起,亦称为切变波,横波仅在固体中传播。

② 纵波:纵波是质点的振动方向平行于波的传播方向的波,如图 6.1-2 所示。纵波由介质的压缩弹性引起,亦称为疏密波或压缩波。纵波能在液体、固体和气体中传播。

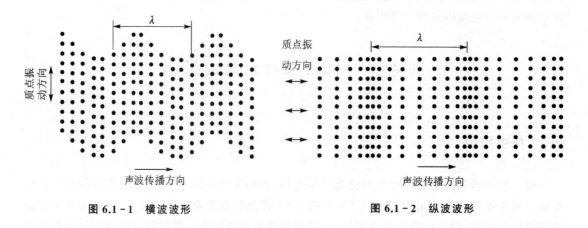

图 6.1-1　横波波形　　　　　　　图 6.1-2　纵波波形

(2) 按波阵面的形状分类

波面是波传播时,某一时刻介质中各同相位振动点组成的面。波面具有无数个。波阵面是波传播方向上最前面的那个波面。按波阵面的形状分类,超声波分为平面波、球面波、柱面波。

① 平面波:波阵面为平面的波,如图 6.1-3 所示。

② 球面波:波阵面为球面的波,如图 6.1-4 所示。

③ 柱面波:波阵面为柱面的波,如图 6.1-5 所示。

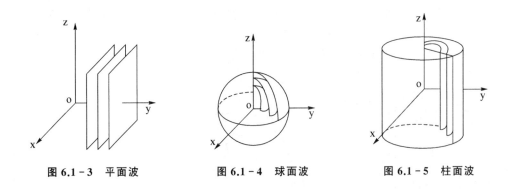

图 6.1-3　平面波　　　图 6.1-4　球面波　　　图 6.1-5　柱面波

（3）按发射超声的类型分类

① 脉冲波：脉冲波是指一种间断的持续时间极短的突然发生的电信号。超声脉冲波主要应用有 A 型、M 型、B 型超声诊断仪，脉冲波多普勒血流仪。

② 连续波：连续波是指输出波形没有经过调制的某单一固定的脉冲频率序列。超声连续波主要应用于连续波多普勒血流仪。

2. 结　构

超声波装置的工作过程是，首先把超声波发射出去，然后再把超声波接收回来，变换成电信号。完成这一过程的装置称为超声波探测器、换能器或传感器。超声波探头按其工作原理可分为压电式、磁致伸缩式、电磁式等，以压电式最为常用。

压电式超声波探头结构如图 6.1-6 所示，主要由压电晶片、吸收块（阻尼块）、保护膜等组成。压电晶片多为圆形板，厚度为 δ。超声波频率与其厚度 δ 成反比。压电晶片的两面镀有银层作为导电的极板，压电片的底面接地线，上面接导线引至电路中。吸收块的作用是降低晶片的机械品质，吸收声能量。如果没有吸收块，当激励的电脉冲信号停止时，晶片将会继续震荡，加长超声波的脉冲宽度，使分辨率变差。当吸收块的阻抗等于晶体的声阻抗时，效果最佳。为了避免压电片与被测体直接接触而磨损压电片，在压电片下粘贴一层保护膜。保护膜材料的性质应该与声阻抗匹配。

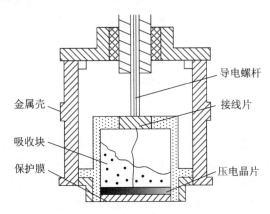

图 6.1-6　压电式超声波探头结构

图 6.1-7 所示为典型的磁致伸缩型振子结构,图 6.1-7(a)所示为角型振子;图 6.1-7(b)所示为是筒型振子;图 6.1-7(c)所示为铁氧体角型振子,这种超声波传感器上限额频率到 100kHz 左右,主要用于海洋测量鱼群探测器和声呐。

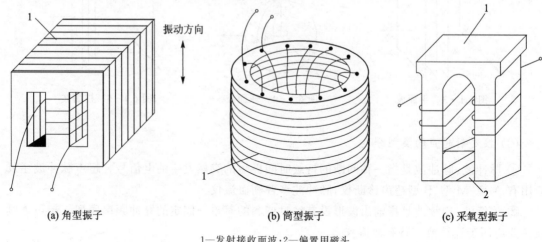

(a) 角型振子　　　　　　(b) 筒型振子　　　　　　(c) 采氧型振子

1—发射接收面波;2—偏置用磁头

图 6.1-7　磁致伸缩型振子的形状

3. 转换原理

超声波从介质 Ⅰ 传播到介质 Ⅱ,在两个介质的分界面上,一部分声波被反射,另一部分透射过分界面在另一种介质内部继续传播,这种现象称为声波的反射和折射,如图 6.1-8 所示。

① 反射定律:由物理学知,当波在介质中传播,在界面上发生反射时,入射角 α 的正弦与反射角 α' 的正弦之比等于波速之比。当入射波和反射波在同一介质时,入射角 α 等于反射角 α'。

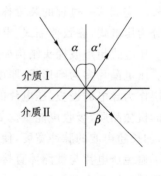

图 6.1-8　声波的反射和折射

② 折射定律:当波在界面处产生折射时,入射角 α 的正弦与折射角 β 的正弦之比,等于入射波在介质 Ⅰ 中的波速 v_1 与折射波在介质 Ⅱ 中的波速 v_2 之比,即

$$\frac{\sin\alpha}{\sin\beta} = \frac{v_1}{v_2} \tag{6.1-1}$$

4. 转换电路

脉冲超声激发/接收电路框图如图 6.1-9 所示,由激发电路和接收电路两大部分组成。激发电路包括多谐振荡电路、场效应管驱动电路、充放电电路及电源电路。接收电路包括输出保护电路、放大电路、滤波电路及电源电路。激发电路的功能是在外接的磁致伸缩式超生传感器上施加高压脉冲,产生脉冲磁场,进而在磁致伸缩丝中激发出脉冲超声波。接收电路的功能是对磁致伸缩式传感器输出的微弱感应电动势进行调理输出,并抑制激发时施加于传感器的高压激发脉冲,保护放大电路。

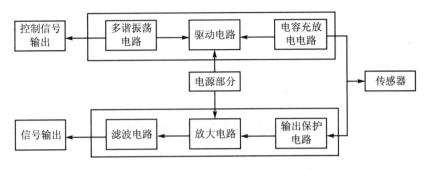

图 6.1-9 脉冲超声激发/接收电路总体框图

（1）激发电路

在各种脉冲超声检测仪器及超声收发板卡中，都需对传感器施加高压瞬间脉冲。在传感器中激发脉冲超声波，高压脉冲产生的电路是各种脉冲超声检测仪器的核心电路，常用的高压脉冲产生方法分为电容瞬间放电法和脉冲电源激励法。

（2）接收电路

在脉冲超声检测中，多数情况下，接收换能器与发射换能器是同一个，发射和接收用同一信号线，高压激发信号会加到接收电路上，要采用串联或并联的限幅电路保护输入放大电路。串联限幅电路及并联限幅电路都是利用开关二极管或稳压二极管的开关特性及非线性工作区工作，都可以起到对运算放大器的输入保护。并联限幅电路相对简单些，不需要额外的直流电源。

（3）放大及滤波电路

放大电路的作用就是将接收换能器输出的微小电信号经过充分放大而得到足够大的信号，以便驱动各种分析、控制和显示电路。根据传感器的设计计算，接收电路的原始接收线号约为 15mV，可以根据需要放大输入信号。

根据传感器激发出超声波信号的频率设计滤波电路，激发出的超声波频率在几十千赫兹到几百千赫兹，设计高通和低通滤波器的截止频率分别为 10kHz 和 500kHz，采用有源滤波的形式。

三、任务完成

通常将焊接机器人超声传感跟踪系统中使用的超声波传感器分两种类型：接触式超声波传感器和非接触式超声波传感器。

1. 接触式超声波传感器

接触式超声波传感跟踪系统原理如图 6.1-10 所示，两个超声波探头置于焊缝两侧，距焊缝距离相等。两个超声波传感器同时发出具有相同性质的超声波，根据接收超声波的声程来控制焊接熔深；比较两个超声波的回波信号，确定焊缝的偏离方向和大小。

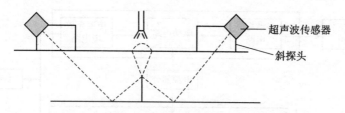

图 6.1-10 接触式超声波传感跟踪系统原理

2. 非接触式超声波传感器

非接触超声波传感跟踪系统中使用的超声波传感器有聚焦式和非聚焦式两种,它们的焊缝识别方法不同。聚焦式超声波传感器是在焊缝上方左右式扫描检测焊缝,而非聚焦超声波传感器是在焊枪前方旋转式检测焊缝。

(1) 非聚焦超声波传感器

非聚焦超声波传感器要求焊接工件反射回波信号的方向为 45°,焊缝的偏差在超声波声束的覆盖范围内,适于 V 形坡口焊缝和搭接接头焊缝。图 6.1-11 所示为 P-50 机器人焊缝跟踪装置,超声波传感器位于焊枪前方的焊缝上面,沿垂直于焊缝的轴线旋转,超声波传感器始终与工件成 45°,旋转轴的中心线与超声波声束中心线交于工件表面,形成检测点。

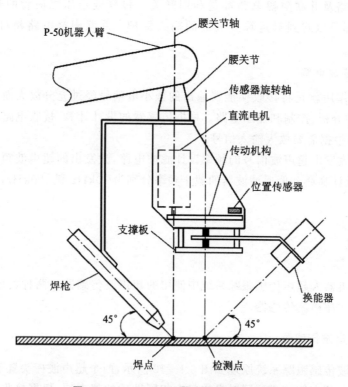

图 6.1-11 P-50 机器人焊缝跟踪装置

焊缝偏差几何示意如图 6.1-12 所示,传感器旋转轴位于焊枪正前方,代表焊枪的即时位置。超声波传感器在旋转过程中,总有一个时刻超声波声束处于坡口的法线方向,此时传感器

的回波信号最强,而且传感器和其旋转的中心轴线组成的平面恰好垂直于焊缝方向,焊缝的偏差可以表示为

$$\delta = r - \sqrt{(R-D)^2 - h^2} \qquad (6.1-2)$$

式中:δ——焊缝偏差,mm;

r——超声波传感器的旋转半径,mm;

R——传感器检测到的探头和坡口间的距离,mm;

D——坡口中心线到旋转中心线间的距离,mm;

h——传感器到工件表面的垂直高度,mm。

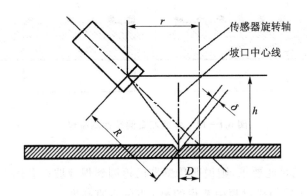

图 6.1-12 焊缝偏差几何示意

(2) 聚焦超声波传感器

与非聚焦超声波传感器相反,聚焦超声波传感器采用扫描焊缝的方法检测焊缝偏差,不要求这个焊缝笼罩在超声波的声束之内,而将超声波声束聚焦在工件表面,声束越小检测精度越高。超声波传感器将发射信号和接收信号的时间差作为焊缝的纵向信息,通过计算超声波由传感器发射到接收的声程时间 t_s,可以得到传感器与焊件之间的垂直距离 H,从而实现焊炬与工件高度之间距离的检测。焊缝左右偏差的检测,通常采用寻棱边法,其基本原理是在超声波声程检测原理基础上,利用超声波反射原理进行检测信号的判别和处理。当声波遇到工件时会发生反射,当声波入射到工件坡口表面时,由于坡口表面与入射波的角度不是 90°,因此其反射波就很难返回到传感器,即传感器不能接收到回波信号。利用声波的这一特性,就可以判别是否检测到了焊缝坡口的边缘。焊缝左右偏差检测原理如图 6.1-13 所示。

假设传感器从左向右扫描,在扫描过程中可以检测到一系列传感器与焊件表面之间的垂直高度。假设 Hi 为传感器扫描过程中测得的第 i 点的垂直高度,H_0 为允许偏差。如果满足

$$|H_i - H_0| < \Delta H \qquad (6.1-3)$$

则得到的是焊道坡口左边钢板平面的信息。当传感器扫描到焊缝坡口左棱边时,会出现两种情况。第一种情况是传感器检测不到垂直高度 H,这是因为对接 V 形坡口斜面把超声回波信号反射出探头所能检测的范围;第二种情况是该点高度偏差大于允许偏差,即

$$|\Delta y| = |H - H_0| \geqslant \Delta H \qquad (6.1-4)$$

并且有连续 D 个点没有检测到垂直高度或是满足上式,说明检测到了焊道的左侧棱边。在此之前传感器在焊缝左侧共检测到 P_L 个超声回波。当传感器扫描到焊缝坡口右边工件表面时,超声传感器又接收到回波信号或者检测高度的偏差满足

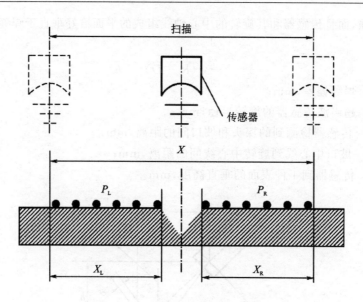

图 6.1 – 13　焊缝左右偏差检测原理

$$|\Delta y|-|H_j-H_0|\leqslant \Delta H \tag{6.1-5}$$

并有连续 D 个检测点满足此要求,则说明传感器已检测到焊缝坡口右侧钢板。

式中:H_j——传感器扫描过程中测得的第 j 点的垂直高度。

当传感器扫描到右边终点时,采集到的右侧水平方向的检测点共 P_R 个点。根据 P_L、P_R 即可算出焊炬的横向偏差方向及大小。控制、调节系统根据检测到的横向偏差的大小、方向进行纠偏调整。

四、任务拓展

利用超声波在两种介质的分界面上的反射特性而制成超声波物位传感器。

如果从发射超声脉冲开始到接收换能器接收到反射波为止的这个时间间隔为已知,就可以求出分界面的位置。

利用这种方法可以对物位进行测量。根据发射和接收换能器的功能,传感器又可分为单换能器和双换能器。单换能器的传感器发射和接收超声波均使用一个换能器,而双换能器的传感器发射和接收各使用一个换能器。

图 6.1 – 14 所示为几种超声物位传感器的结构示意图。超声波发射和接收换能器可设置在水中,让超声波在液体中传播。由于超声波在液体中衰减比较小,所以即使发生的超声脉冲幅度较小也可以传播。

超声波发射和接收换能器也可以安装在液面的上方,让超声波在空气中传播,这种方式便于安装和维修,但超声波在空气中的衰减比较厉害。

对于单换能器来说,如图 6.1 – 14(a)所示,超声波从发射到液面,又从液面反射到换能器的时间为

$$t=\frac{2h}{v} \tag{6.1-6}$$

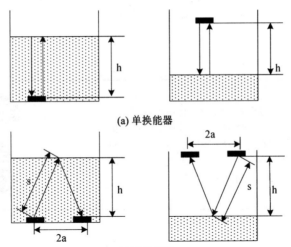

(a) 单换能器

(b) 双换能器

图 6.1-14 几种超声物位传感器的结构示意图

$$h = \frac{vt}{2} \quad (6.1-7)$$

式中：h——换能器距液面的距离，m；
v——超声波在介质中传播的速度，m/s。

对于双换能器来说，如图 6.1-14(b) 所示，超声波从发射到被接收经过的路程为 $2s$，而

$$s = \frac{vt}{2} \quad (6.1-8)$$

因此液位高度为

$$h = \sqrt{s^2 - a^2} \quad (6.1-9)$$

式中：s——超声波反射点到换能器的距离，m；
a——两换能器间距之半，m。

从以上公式中可以看出，只要测得超声波脉冲从发射到接收的间隔时间，便可以求得待测的物位。

超声物位传感器具有精度高和使用寿命长的特点，但若液体中有气泡或液面发生波动，便会有较大的误差。在一般使用条件下，它的测量误差为 ±0.1%，检测物位的范围为 $10^{-2} \sim 10^4$ m。

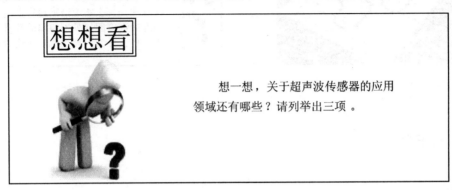

想一想，关于超声波传感器的应用领域还有哪些？请列举出三项。

五、任务小结

本任务对超声波的类型、转换原理和一些典型的电路进行了介绍，以焊接任务中焊缝偏差为例，介绍了超声波测距的功能，然后又对超声波测物位进行了介绍，超声波传感器在测厚度、无损探伤、测流量方面也有应用。

任务二　机器人巡线检测

一、任务提出

智能车是指由单片机控制的可以修改程序并且在程序的控制下能够自由移动、自动完成特定功能的小车。它集计算机技术、软件编程、自动控制、传感器技术、机械结构于一体，是学习信息技术和机器人的最佳载体。

小车巡线指的是小车在白色地板上循黑线行走，通常采取的方法是红外探测法。行走路线如图6.2-1所示。

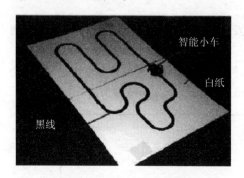

图6.2-1　智能小车巡线图

如图6.2-1所示，智能小车通过红外探测法，怎么实现沿黑线行走的？巡线的准确程度跟红外探测器的数量有关吗？什么外部因素会影响巡线效果？

二、任务信息

1. 种　类

红外传感器，也可称为红外探测器，是利用红外线的物理性质来进行测量的传感器。任何物体,只要它本身具有一定的温度(高于绝对零度),都能向外发出红外光,因此,理论上红外传感器可以测量任何物体的温度。红外传感器测量时不直接接触被测物体,因而不存在摩擦和影响物体本身的性质(如物体的温度等),并且具有安装方便、测量温度高(可达1 800 ℃以上)等优点。

红外传感器有两种分类方式:按其应用分类和按其探测原理分类。

(1) 按应用分类

① 红外辐射计:用于辐射和光谱辐射测量。

② 搜索和跟踪系统:用于搜索和跟踪红外目标,确定目标空间位置并对其运动跟踪。

③ 热成像系统:用于产生整个目标红外辐射分布图像。

④ 红外测距:通过发射出一束红外光,在照射到物体后形成一个反射波,反射到传感器后接收信号,利用发射与接收的时间差实现测距。

(2) 按探测原理分类

① 光子探测器:光子探测器是利用外光电效应或内光电效应制成的辐射探测器,也称光电探测器。探测器中的电子直接吸收光子能量,使运动状态发生变化而产生电信号,用于探测红外辐射和可见光。其主要特点是灵敏度高、响应速度快、响应频率高。但红外光子传感器一般需在低温下才能工作,故需要配备液氦、液氮等制冷设备。此外,光子传感器有确定的相应波长范围,探测波段较窄。

② 热探测器:热探测器是用探测元件吸收入射辐射而产生热、造成温升,并借助各种物理效应把温升转换成电量而制成的器件。与光子探测器相比,热探测器的探测率峰值低,响应速度也慢得多,但其光谱响应范围宽,可扩展到整个红外区域,而且平坦,在常温下就能工作,使用方便、应用广泛。

2. 结　构

红外传感器是将红外辐射能转换成电能的光敏器件,它是红外探测系统的关键部件,其性能好坏将直接影响系统性能的优劣。因此,选择合适的、性能良好的红外传感器,对于红外探测系统是十分重要的。

(1) 红外光子传感器

红外光子传感器利用某些半导体材料在红外辐射的照射下,红外辐射中的光子流与半导体材料中的电子相互作用,改变了电子的能量状态,引起各种电学现象。通过测量半导体材料中电子性质的变化,就可以知道红外辐射的强弱。它广泛应用于军事领域,如红外制导、响尾蛇空对空及空对地导弹、夜视镜等。按照红外光子传感器的工作原理,一般分为外光电效应和内光电效应传感器两种。

① 外光电效应传感器。在光线作用下,物体内的电子逸出物体表面向外发射的现象称为外光电效应。这种效应多发生于金属和金属氧化物。光电二极管、光电倍增管等就属于这种类型的传感器,其响应速度比较快,一般为几纳秒。但电子逸出需要较大的光子能量,只适宜于近红外辐射或可见光范围内使用。

② 内光电效应传感器。内光电效应是指受光照而激发的电子在物质内部参与导电,电子并不逸出光敏物质表面,这种效应多发生于半导体内。内光电效应又可分为光电导效应、光生

伏特效应和光磁电效应等。

红外光子传感器的优点是响应时间很短,一般是在 ns 量级,但红外光子传感器多数需要冷却。

(2) 红外热传感器

红外线被物体吸收后将转变为热能,红外热探测器就是利用了红外辐射的这一热效应制成的。当红外热探测器的敏感元件吸收红外辐射后,将引起温度升高,使敏感元件的相关物理参数发生变化,通过对这些物理参数及其变化的测量就可确定探测器所吸收的红外辐射。红外热传感器主要有四种类型:热敏电阻型、热电阻型、高莱气动型和热释电型。其中热释电型探测器效率最高、频率响应最宽,因而这种传感器发展较快,应用范围广。

1) 热敏电阻型传感器

热敏电阻型传感器是利用材料的电阻对温度敏感的特性来探测红外辐射的器件,通常是采用负温度系数氧化物半导体作为热敏电阻材料。

图 6.2-2 所示为热敏电阻的结构示意图。热敏电阻薄片厚度约 $10\mu m$,形状呈方形或长方形,边长从 0.1~10mm,形状和大小根据实际需要确定。电阻值取决于材料的电阻率和元件的几何尺寸,一般在几百千欧到几兆欧之间。热敏电阻薄片的两端蒸镀电极并接引线,上表面常涂有黑化层,以便增加对入射辐照的吸收,吸收率可达 90% 左右。

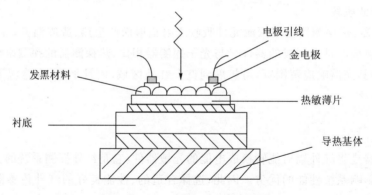

图 6.2-2 热敏电阻的结构示意图

典型的热敏电阻型传感器通常将结构和性能相同的两只热敏电阻组装在同一个管壳内,如图 6.2-3 所示。其中,一只用来接收红外辐射能量,称为工作元件,另一只被屏蔽起来不接收红外辐射能,称为补偿元件,起温度补偿作用。两只元件尽可能靠得近些,以便保证有相同的环境条件。通过测定电阻的变化来确定吸收的红外辐射能量。测量电路常用电桥电路。

热敏电阻型传感器技术性能并不高,探测率比热电偶型传感器低约一个数量级,比热释电探测器低一个数量级以上。热敏电阻的时间尝试一般为几毫秒几十毫秒,远不如热释电探测器响应快。但热敏电阻的稳定性好,又比较牢固,容易与放大器匹配,且是一种对各种波长都有相同响应的无选择性探测器件,在 1~15μm 的常用红外波段内响应度基本上与波长无关,这是光子探测器所达不到的。目前热敏电阻在 8~14μm 波段应用很广,因而它在基础科学研究、工业及空间技术等方面仍有相当数量的应用。例如,在测辐射计、热成像仪和工业生产的自动控制等若干装置中都可以使用热敏电阻型传感器。

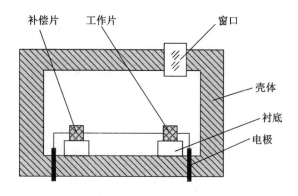

图 6.2-3 典型的热敏电阻型传感器结构

2）热释电型传感器

在外加电场作用下，电介质中的电粒子（电子、原子核等）将受到电场力的作用，总体上讲，正电荷趋向于阴极、负电荷趋向于阳极，其结果使电介质的一个表面带正电，相对的表面带负电，这种现象称为电介质的"电极化"，如图 6.2-4 所示。

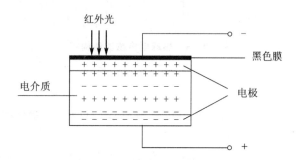

图 6.2-4 电介质的极化与热释电

对于大多数电介质来说，在电压去除后，极化状态随即消失，但是有一类称为"铁电体"的电介质，在外加电压去除后仍保持着极化的状态。

铁电体的极化强度（单位面积上的电荷）一般与温度有关，温度升高，极化强度降低。温度升高到一定程度，极化将突然消失，这个温度被测称为居里点。在居里点以下，极化强度是温度函数，利用这一关系的热敏类探测器称为热释电探测器。

热释电探测器的构造是把敏感元件切成薄片，在研磨成 $5\sim50\mu m$ 的薄片后，把元件的两个表面做成电极，类似于电容器的构造。为了保证晶体对红外线的吸收，有时需要黑化晶体或在透明电极表面涂上黑色膜。当红外光照射到已经极化了的铁薄片上时，引起薄片温度的升高，使其极化强度降低、表面电荷减少，相当于释放一部分电荷，所以叫热释电型传感器。

热释电传感器如图 6.2-5 所示，由硅窗口、热释电元件、支承环、场效应管 FET、外壳和引脚组成。硅窗口是一种光学滤镜，它的主要作用是只允许某种波长的红外线通过，而将灯光、太阳光及其他辐射滤掉，以抑制外界的干扰；热释电元件是一种红外感应源，能感受到红外辐射；场效应管作用是阻抗匹配和信号放大，通常在元件表面覆一层黑化膜。

热释电探测器的特点如下：

① 在室温下即可正常工作，无须制冷；

② 使用温度必须低于热释电元件材料的居里点温度，如硫酸三甘肽（TGS）的居里点为 49℃、钽酸锂为 660℃、锆钛酸铅（PZT）为 360℃；

③ 对恒定辐照无响应，只有在变化辐射下，产生温度变化的过程中，才有热释电电流输出，因此，使用时必须用调制斩波器将入射辐照变化为交流信号，或使用脉冲光辐射。

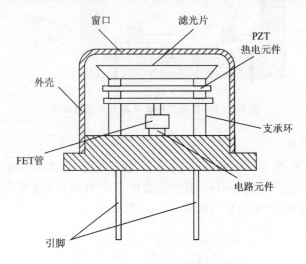

图 6.2-5 热释电传感器结构图

3. 转换原理

红外线的波长范围大致为 0.76～1 000μm，红外线与可见光、紫外线、X 射线、γ 射线和微波、无线电波一起构成了整个无限连续的电磁波谱。

图 6.2-6 所示为红外线在电磁波谱中的位置。红外线是介于可见光和微波之间的电磁波。工程上通常把红外所占的波段分为近红外（760nm～1.5μm）、中红外（1.5～6μm）、远红外

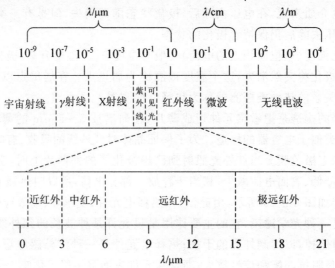

图 6.2-6 电磁波谱

(6～40μm)和极红外(40～1 000μm)四个部分。这里所说的远近是指红外辐射在电磁波谱中与可见光的距离。红外线虽然不能被人眼看到，但是在现代社会中的应用却极其广泛。

实验表明：波长在 0.1～1 000μm 之间的电磁波被物体吸收时，可以显著地转变为热能。可见，载能电磁波是辐射传播的主要媒介物，辐射热效应红外传感器就是基于红外线的这种性质实现的。辐射热效应红外传感器由吸收体将红外线的能量吸收，转换成热动能，使吸收体温度升高，从而实现温度的测量，并将红外线的强度转换为电信号输出。

4. 转换电路

反射式光电传感器的光源有多种，常用的有红外发光二极管、普通发光二极管及激光二极管，前两种光源容易受到外界光源的干扰，而激光二极管发出的光的频率较集中，传感器只接收很窄的频率范围信号，不容易被干扰，但价格较贵。理论上光电传感器只要位于被测区域反射表面可受到光源照射同时又能被接收管接收到的范围就能进行检测，然而这是一种理想的结果，因为光的反射受到多种因素的影响，如反射表面的形状、颜色、光洁度，以及日光、日光灯照射等不确定因素。如果直接用发射和接收管进行测量将因为干扰产生错误信号，采用对反射光强进行测量的方法可以提高系统的可靠性和准确性。红外反射光强法的测量原理是将发射信号经调制后送红外管发射，光敏管接收调制的红外信号。其原理如图6.2-7所示。

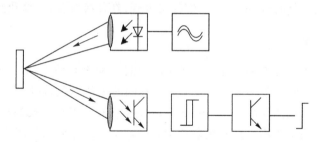

图 6.2-7 系统的发射接收检测流程图

将红外发射管、接收管，紧凑地安装在一起，靠反射光来判断前方是否有物体。常用的一体化红外发射接收管有 TCRT5000，RPR220。RPR220 是一种一体化反射型光电探测器，其发射器是一个砷化镓红外发光二极管，而接收器是一个高灵敏度、硅平面光电三极管。

图 6.2-8 所示为由 TCRT5000 构成灵敏度可调的循迹电路。当比较器的正向输入端电压低于反向输入端的电压时输出低电平，表示接收到反射光。

另一种比较可靠的方法是对红外光进行调制。由振荡电路产生 38KHz 的脉冲信号，驱动红外二极管，向外发射调制的红外脉冲。红外接收电路（或红外接收头）对接收信号进行解调后输出控制脉冲。此方法检测距离远，抗干扰能力强，用在可靠性要求比较高的场合。

三、任务完成

红外探测法，即利用红外线在不同颜色的物体表面具有不同的反射强度的特点，在小车行驶过程中不断地向地面发射红外光，当红外光遇到白色纸质地板时发生漫反射，反射光被装在小车上的接收管接收；如果遇到黑线则红外光被吸收，小车上的接收管接收不到红外光。单片机就是否收到反射回来的红外光为依据来确定黑线的位置和小车的行走路线。

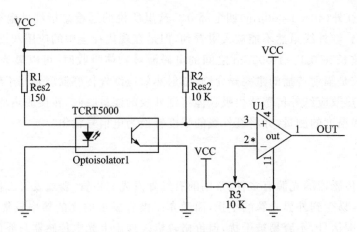

图 6.2‑8　TCRT5000 灵敏度可调的循迹电路

红外线是不可见光线。所有高于绝对零度(-273.15℃)的物质都可以产生红外线。人的眼睛能看到的可见光按波长从长到短排列,依次为红、橙、黄、绿、青、蓝、紫。其中红光的波长范围为 $0.62\sim 0.76\mu m$;紫光的波长范围为 $0.38\sim 0.46\mu m$。比紫光波长还短的光叫紫外线,比红光波长还长的光叫红外线。

常用的红外探测元件有红外发光管,红外接收管,红外接收头,一体化红外发射接收管。

1. 红外发光二极管

红外发光二极管外形和普通发光二极管 LED 相似,发出红外光,如图 6.2‑9 所示。管压降约 1.4V,工作电流一般小于 20mA。为了适应不同的工作电压,回路中常常串有限流电阻。红外线发射管有三个常用的波段,850 nm、875 nm、940 nm。根据波长的特性运用的产品也有很大的差异,850 nm 的主要用于红外线监控设备,875 nm 的主要用于医疗设备,940 nm 的主要用于红外线控制设备。

2. 光敏二极管和光敏三极管

如图 6.2‑10 所示,光敏二极管和光敏三极管作为红外接收管,无光照时,有很小的饱和反向漏电流(暗电流),此时光敏管不导通;当光照时,饱和反向漏电流马上增加,形成光电流,在一定的范围内随入射光强度的变化而增大。光敏二极管和光敏三极管的区别是光敏三极管具有放大作用。

图 6.2‑9　红外发光二极管

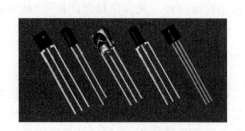

图 6.2‑10　红外接收管

3. 红外接收头

红外线接收头（又称红外线接收模组，IRM）是集成红外线接收管、放大、滤波和比较器输出等的 IC 模块。红外接收头的种类很多，引脚定义也不相同，一般都有三个引脚，包括供电脚、接地和信号输出脚。根据发射端调制载波的不同应选用相应解调频率的接收头，一般用在红外遥控器中，如图 6.2-11 所示。

本任务使用的小车为北京赛佰特科技有限公司物联网智能车实训系统Ⅱ型中的红外巡线功能模块，如图 6.2-12 所示。

物联网智能车实训系统Ⅱ型，是专门面向移动机器人设计的车辆控制研究和系统应用集成的实验开发平台。该平台以移动车辆结构为硬件主体，集成移动电源管理系统、驱动电路系统、通信控制系统、导航与定位系统以及安全保障系统。能够实现车辆的移动控制、电磁巡线、红外巡线、测距避障、测速、RFID 导航定位、视频图像处理、wifi 传输、zigbee

图 6.2-11 红外接收头

图 6.2-12 物联网智能车实训系统Ⅱ型

无线控制、OLED 显示和拓展机械臂等功能，是一套功能丰富、接口齐全、应用广泛的智能车辆开发平台。

智能小车巡线通常有 2 路、3 路及 5 路巡线，3 路巡线相比 2 路巡线可提高小车的行进速度，5 路巡线进一步提高小车巡线的可靠性。物联网智能车实训系统Ⅱ型底部共设有两排共八个红外反射模块，通过其识别黑线和白线，使车辆按照黑线行驶，并且可以适应较为复杂的路段，更进一步提高可靠性。八路寻迹原理图如图 6.2-13 所示，其中图 6.2-13(a)为其中一路原理图，其他七路原理图与之相同，图 6.2-13(b)为放大控制原理图。

当巡线传感器照到黑线时输出电平 0，照到白线时输出 1。

巡线算法代码如下：

```
E0 = GPIO_ReadInputDataBit(GPIOE,GPIO_Pin_0);
E1 = GPIO_ReadInputDataBit(GPIOE,GPIO_Pin_1);
E2 = GPIO_ReadInputDataBit(GPIOE,GPIO_Pin_2);
E3 = GPIO_ReadInputDataBit(GPIOE,GPIO_Pin_3);
E4 = GPIO_ReadInputDataBit(GPIOE,GPIO_Pin_4);
E5 = GPIO_ReadInputDataBit(GPIOE,GPIO_Pin_5);
```

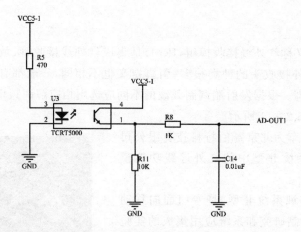

(a) 红外反射模块原理图

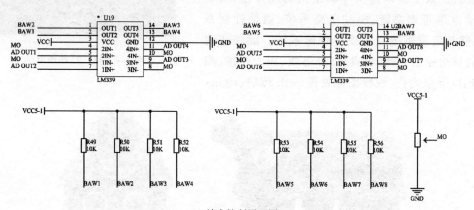

(b) 放大控制原理图

图 6.2-13　八路巡线原理图

```
E6 = GPIO_ReadInputDataBit(GPIOE,GPIO_Pin_6);
E7 = GPIO_ReadInputDataBit(GPIOE,GPIO_Pin_7);
if(E4 == 0&&E5 == 0&&E6 == 0&&E7 == 0)     //巡线算法
{
        Straight_run();
        }else if(E4 == 1&&E5 == 1&&E6 == 1&&E7 == 1)
{
        if((E0 == 0&&E2 == 1)||(E1 == 0&&E2 == 1))
        {
            left_run();
        }else if((E3 == 0&&E1 == 1)||(E2 == 0&&E1 == 1))
        {
            right_run();
        }else
        {
Straight_  run();
        }
```

```
}else if(E5 == 0&&E6 == 1)
{
            left_run();
}else if(E6 == 0&&E5 == 1)
{
            right_run();
}else if(E4 == 0&&E6 == 0)
{
left_q_run();
}else if(E7 == 0&&E5 == 0)
{
right_q_run();
}else
{
    if((E0 == 0&&E2 == 1)||(E1 == 0&&E2 == 1))
        {
            left_run();
        }else if((E3 == 0&&E1 == 1)||(E2 == 0&&E1 == 1))
        {
            right_run();
        }else
        {
            Straight_run();
        }
}
```

四、 任务拓展

1. 红外传感器在自动检测、监视和计数方面的应用

由于红外探测器能够探测红外辐射源,而任何目标都存在红外辐射源,所以红外探测器能够探测到任何目标的存在。这种功能使它可以用于大量的自动检测、控制、警戒及计数等。

(1) 在自动检测方面的应用

一束光从光源发出,经过一段特定的路径后,被探测器接收。如果在路径上出现任何工件或物体遮挡住光束,探测器输出信号马上发生变化,表示光路上出现了物体。因此,红外传感器可用于工业生产中大量的自动监视场合。

例如,子弹壳后面有两个小圆孔,设计时对此孔的大小要求非常严格,既不能无孔,孔的面积也不能太小。那么成千上万只子弹壳,怎样检查验收?用一束光从一面照在孔上,另一面放置一个光电探测器,如果孔的面积不合格或无孔时,通过孔的光通量会产生变化,探测器就输出不同大小的光电信号,通过对光电信号大小的鉴别,就可以确定哪个子弹壳是正品或是废品,再根据信号大小控制机械手,将正品与废品分开,实现自动检测。

(2) 在自动监视方面的应用

由于人的视觉无法观测到红外线,所以可以用它来进行监视报警。例如,围墙翻越监测系

统利用红外发射和接收装置,一旦监测到有人越墙,会马上阻挡光束,探测器立即发出报警信号,通知保卫人员,由此实现自动监视。

火车的车轮轴与轴瓦摩擦较多会引起不正常发热,严重时甚至会使整个车轴发热变红,如不及时检测维修,会发生切轴断裂,造成翻车事故。利用红外探测器来监视轮轴的温度,把红外轴温探测器放置在铁路两旁,当列车通过时,探测器就能检测出轴箱盖上的温度,若超过某一安全温度时,则说明轴有发生断裂的危险,随即立刻通知列车停车进行修理,以防止事故的发生。

2. 红外无损探伤

利用红外探测器检查加工部件内部的缺陷,也是红外测温的一种应用。例如,A、B 两块金属板焊接在一起,其交界面是否焊接良好呢?有没有漏焊的部位呢?要求必须检查出来而且又不能使部件受任何损伤。红外测温技术就能完成这样的任务,这就是"红外无损探伤技术"。

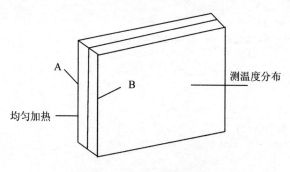

图 6.2 - 14　红外无损探伤

如图 6.2 - 14 所示,只要均匀地加热平板的一个平面,并测量另一个表面上的温度分布,即可检测焊面是否良好。道理很简单,当 A 面的外表面均匀受热而升高温度时,热量就向 B 面传去,B 板外表面的温度随之升高。如果两板的交界面是均匀接触,则 B 面外表面的热量分布也是均匀一致的。如果交界面的某一部分没有焊接好,热流在这里受到阻碍,B 板外表面相应部位就出现温度异常现象。因此,利用红外测温技术就能够测得部件内部的缺陷。

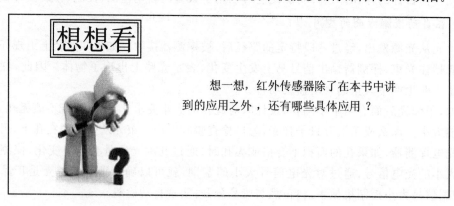

项目六　其他外部传感器

五、任务小结

红外传感器是将红外辐射转换为电量的传感器，按照探测原理不同可分为红外光子传感器和红外热传感器。本任务以智能小车巡线为例，使用红外对管进行黑线检测，进而控制小车行进，红外传感器同时在无损探伤、检测、计数等方面也有应用。

任务三　机器人对压力的检测

一、任务提出

足底压力是指足底与其支撑面之间的接触压力。人和双足机器人在行走过程中受到来自地面的反作用力，这个反作用力一般包括足底压力和地面的摩擦力两部分。其中，足底压力测量技术已经被应用于生物力学、竞技体育、临床医学、工业设计等诸多领域。对于人体而言，足底压力分布测量有助于了解足的结构和力学功能，通过足底力分析可以获取静态和动态情况下人体的相关力学、生理和机能参数。

有鉴于人体足底压力分布测量技术的发展和应用，可以把足底压力分布测量技术引用到双足机器人的足底压力测量上来，由此可以获得机器人足底的压力分布信息，对于原本足底没有知觉的双足机器人的步行分析、步态规划和身体姿态控制都有着重要意义。

还记得春节晚会上，哈工大设计的群体跳舞机器人吗？上网查一下关于双足行走机器人的相关信息。

二、任务信息

1. 种　类

通常把压力测量仪表中的电测式仪表称为压力传感器，它是一种将压力转换为电信号输出的传感器。

压力传感器一般由弹性敏感元件和位移敏感元件（或应变计）组成。弹性敏感元件的作用是使被测压力作用于某个面积上并转换为位移或应变,然后由位移敏感元件或应变计金属元素分析仪转换为与压力成一定关系的电信号。有时把这两种元件的功能集于一体,如压阻式传感器中的固态压力传感器。

常用压力传感器有压阻式压力传感器、电容式压力传感器、电感式压力传感器、应变片式压力传感器、谐振式压力传感器等。

(1) 压阻式压力传感器

固体受力后电阻率发生变化的现象称为压阻效应。压阻式压力传感器的特点如下：
① 灵敏度高,频率响应高；
② 测量范围宽,可测低至10Pa的微压到高至60MPa的高压；
③ 精度高,工作可靠,其精度可达±(0.2～0.02%)；
④ 易于微小型化,目前国内生产出直径 $\varphi 1.8\sim 2\mathrm{mm}$ 的压阻式压力传感器。

(2) 电容式压力传感器

电容式压力传感器是一种利用电容敏感元件将被测压力转换成与之成一定关系的电量输出的压力传感器。它一般采用圆形金属薄膜或镀金属薄膜作为电容器的一个电极,当薄膜感受压力而变形时,薄膜与固定电极之间形成的电容量发生变化,通过测量电路即可输出与电压成一定关系的电信号。电容式压力传感器属于极距变化型电容式传感器。

(3) 电感式压力传感器

电感式压力传感器也称变磁阻式压力传感器。常见的有气隙式和差动变压器式两种结构形式。气隙式的工作原理是被测压力作用在膜片上使之产生位移,引起差动电感线圈的磁路磁阻发生变化,这时膜片距磁心的气隙一边增加,另一边减少,电感量则一边减少,另一边增加,由此构成电感差动变化,通过电感组成的电桥输出一个与被测压力相对应的交流电压。其具有体积小、结构简单等优点,适宜在有振动或冲击的环境中使用。差动变压器式的工作原理是被测压力作用在弹簧管,使之产生与压力成正比的位移,同时带动连接在弹簧管末端的铁心移动,使差动变压器的两个对称的和反向串接的次级绕组失去平衡,输出一个与被测压力成正比的电压,也可以输出标准电流信号与电动单元组合仪表联用构成自动控制系统。

(4) 应变片式压力传感器

应变片式压力传感器是利用电阻应变原理而工作的压力传感器。当被测压力传递到粘贴有电阻应变片的膜片、弹性梁或应变管后,使之产生变形,则由电阻应变片组成的电桥有不平衡电压输出,该电压与作用在传感器的被测压力成正比。其具有精度高、体积小、重量轻、测量范围宽、固有频率高、动态响应快等优点,同时耐振动、抗冲击性能良好。

(5) 谐振式压力传感器

谐振式压力传感器是靠被测压力所形成的应力改变弹性元件的谐振频率通过测量频率信

号的变化来检测压力。这种传感器特别适合与计算机配合使用,组成高精度的测量、控制系统。根据谐振原理可以制作成振筒、振弦及振膜式等多种形式的压力传感器。

力学传感器的种类繁多,但应用最为广泛的是压阻式压力传感器,它具有极低的价格和较高的精度以及较好的线性特性。

2. 结 构

在了解压阻式压力传感器时,应首先认识一下电阻应变片这种元件。电阻应变片是一种将被测件上的应变变化转换成为一种电信号的敏感器件。它是压阻式应变传感器的主要组成部分之一。电阻应变片应用最多的是金属电阻应变片和半导体应变片两种。金属电阻应变片又有丝状应变片和金属箔状应变片两种。通常是将应变片通过特殊的黏合剂紧密的黏合在产生力学应变基体上,当基体受力发生应力变化时,电阻应变片也一起产生形变,使应变片的阻值发生改变,从而使加在电阻上的电压发生变化。这种应变片在受力时产生的阻值变化通常较小,一般这种应变片都组成应变桥,并通过后续的仪表放大器进行放大,再传输给处理电路(通常是 A/D 转换和 CPU)显示或执行机构。

有关金属电阻应变片的结构知识,在本书第五章任务一之金属电阻应变片的结构中已有介绍,此处不再赘述。

按照结构划分,压阻式压力传感器主要有三种不同类型:体型半导体、薄膜型半导体、扩散型半导体。

(1) 体型半导体应变片

体型半导体应变片是一种将半导体材料硅或锗晶体按一定方向切割成的片状小条,经腐蚀压焊粘贴在基片上而成的应变片,其结构如图 6.3-1 所示。

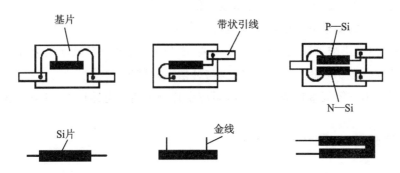

图 6.3-1 体型半导体应变片结构

(2) 薄膜型半导体应变片

薄膜型半导体应变片是利用真空沉积技术,将半导体材料沉积在带有绝缘层的试件上而制成,其结构示意图见图 6.3-2。

(3) 扩散型半导体应变片

将P型杂质扩散到N型硅单晶基底上,形成一层极薄的P型导电层,形成四个阻值相等的电阻条。再通过超声波和热压焊法接上引出线就形成了扩散型半导体应变片。

图6.3-3所示为扩散型半导体应变片示意图,这是一种应用很广的半导体应变片。

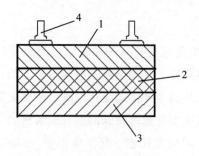

1—锗膜;2—绝缘层;3—金属箔基底;4—引线

图6.3-2 薄膜型半导体应变片

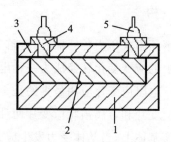

1—N型硅;2—P型硅扩散层;3—二氧化硅绝缘层;
4—铝电极;5—引线

图6.3-3 扩散型半导体应变片

3. 转换原理

压阻传感器的工作原理是基于压阻效应的,具体知识见本书第五章任务一中的金属电阻的应变效应内容,此处不再赘述。

4. 转换电路

因为半导体材料对温度很敏感,温度稳定性和线性度比金属电阻应变片差得多。因此,压阻式传感器的温度误差较大,必须要有温度补偿。

压阻式传感器的测量电路使用平衡电桥。

由于制造、温度影响等原因,电桥存在失调、零位温漂、灵敏度温度系数和非线性等问题,影响传感器的准确性。因此,必须采取减少与补偿误差措施。

具体知识见本书第五章任务一中的电阻应变片测量转换电路内容,此处不再赘述。

三、 任务完成

双足机器人设计中的足底压力测量传感硬件系统包括压力测量鞋垫本体和传感系统信号处理器两部分,压力测量鞋垫本体中布置了接受足底压力信息的多个薄膜压力传感器,传感系统信号处理器是用来采集压力测量鞋垫本体信息的控制电路。

足底压力测量系统中的核心部件是压力传感器,足底压力测量的环境对于传感器的要求是比较苛刻的,理想的传感器应该是柔性的,并且响应速度快、量程大,精度高,输出的电信号便于后续处理。

电阻式压力传感器虽然输出的是电阻信号,但转化为电压信号的电路并不复杂,且具有精度较高、面积较小、厚度很薄等优点。综合以上各方面，选择柔性的电阻式传感器作为足底压力鞋垫用传感器。电阻式柔性传感器工作时，金属微粒紧密地镶嵌分布于弹性基质材料中，相互之间不接触，且传感器电阻的变化范围很大，因而压阻式柔性传感器在足底压力测量技术中得到广泛的应用。

这里采用美国 TekscanFlexiforce 的电阻式压力传感器，型号为 A301。Flexiforce 是一种超薄的挠性印刷电路，方便大量集成使用，如图 6.3-4 所示。由于 Flexiforce 尺寸很薄且具有很好的弯曲性能，将其布置在压力鞋垫本体中进行足底压力测量时，几乎不会影响原来的足底压力分布状况。标准的 Tekscan 传感器是由两片聚酯薄膜组成的，通常厚度很薄。在两片薄膜的内表面印上不同布局形式的带状导体，其中一片薄膜为若干数量的列状布局，另一片为行状布局。带状导体的宽度、行列数量、距离等因素都是根据具体应用而设计的。在导体表面涂有一层压敏半导体材料，横向和纵向压敏材料的交叉点构成了网格状分布的传感器阵列，当传感器上作用有外力时，半导体的阻值会产生相应的变化，无作用力时阻值最大，阻值随着压力的增大阻值变小，通过阻值的变化可以反映出对应状态下的压力值。

由于所选用的薄膜压力传感器单个面积较小，为了获得更加精确的反映足底受力情况，在实际条件允许的情况下，一共布置了 20 个传感器。最终薄膜压力传感器在压力鞋垫本体上的布局样式如图 6.3-5 所示。

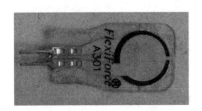

图 6.3-4　Flexiforce A301 传感器

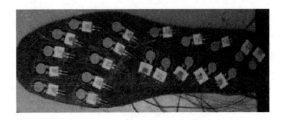

图 6.3-5　薄膜压力传感器布局图

1. 传感系统信号处理器硬件总体结构

根据使用要求，本鞋垫控制器要完成电阻到电压信号转换、多路 AD 采集和串口信号发送的要求。为了简化硬件电路，选用具有多路 AD 功能和带串口的单片机是必要的。这里选择 Silicon Labs 的 C8051F226 单片机，该单片机最高可实现 8 位 32 路的 AD 转换，同时具有一个 RS232 串口，且其封装形式为 48TQFP，结构十分小巧，便于电路板的集成化设计，且其与 8051 系列单片机兼容性好，便于选配外围电路。结合选定的单片机，根据传感系统信号处理器的设计要求，硬件电路系统框图如图 6.3-6 所示。

2. 传感系统信号处理器各电路模块设计

传感系统信号处理器硬件系统的主控制器是 C8051F226，其他主要电路有薄膜压力传感器驱动电路、电压变换电路、基准电压变换电路等。

（1）薄膜压力传感器驱动电路

薄膜压力传感器驱动电路是指将压力传感器的电阻变化转化为可供 AD 采集的电压信号。通过运算放大器搭建同相比例放大器或者反向比例放大器都可实现这一要求，但由于反

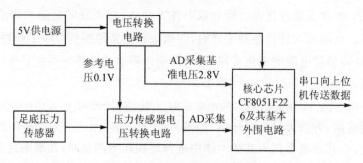

图 6.3-6 硬件电路系统框图

相比例放大器需要正负电源供电,增加了电路的复杂程度,为此,这里选用同相比例放大器来实现驱动电路。在运算放大器的选择上也挑选单电源供电、集成度高、低功耗的元件,最后选择型号为 AD8618 的运算放大器,该放大器为具有四通道轨到轨输入与输出的单电源放大器,具有极低的失调电压、宽信号带宽以及低输入电压和电源噪声。它采用专利的微调技术达到较高的精度,无须激光调整。AD8618 支持 2.7V 到 5V 的单电源供电。薄膜压力传感器驱动电路图如图 6.3-7 所示。

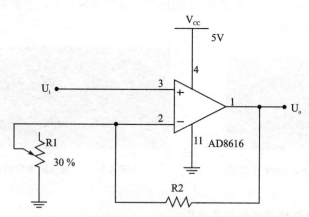

图 6.3-7 驱动放大电路

图中 R_1 表示传感器电阻,R_f 表示参考电阻,U_i 为参考输入电压,U_o 为输出电压。薄膜压力传感器电阻 R_1 与驱动电路输出电压 U_o 的关系为

$$U_o = (1 + \frac{R_f}{R_1})U_i \tag{6.3-1}$$

其中,参考输入电压需要是基准电压,该电压的波动将会影响到输出电压 U_o。根据该电路的特点,输出电压 U_o 的最小值为参考输入电压 U_i,因此 U_i 不能太大,最终选择 U_i 为 0.1V。参考电阻 R_f 的阻值选择依据薄膜压力传感器的变化范围,薄膜压力传感器的阻值变化一般在 400kΩ～10MΩ 之间,AD 采集的基准电压为 2.8V,通过计算得到当电阻值为 370kΩ 时,输出电压应为 2.8V,因此这里选择参考电阻 R_f 为 10MΩ。

(2) 电源电压变换电路

传感系统信号处理器共需要四种电压,大小分别为 5V、3.3V、2.8V 和 0.1V,其中 5V 为运算放大器 AD8618 的供电电压,3.3V 为单片机 C8051F226 的供电电压,2.8V 为 AD 转换电路的基准电压,0.1V 为薄膜压力传感器驱动电路的参考电压。信号处理器的输入电压为 5V,因此需要设计电压变换电路把 5V 电压分别变换为 3.3V、2.8V 和 0.1V,3.3V 电压为单片机的电源电压,这一需求对电压精度要求不高,因此可选用 AMS1117-3.3 作为电压芯片,相关电路如图 6.3-8 所示。

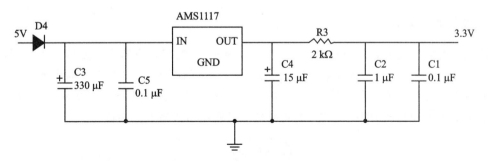

图 6.3-8 电源电压变换电路

2.8V 和 0.1V 分别为 AD 采集和薄膜压力传感器驱动电路的基准电压,这两个电压的波动将影响到足底压力的计算精度,因此,这里选用可控精密稳压源 TL431 作为电压变换元件,相关电路图如图 6.3-9 所示。薄膜压力传感器驱动电路的基准电压 0.1V 是在基准电压 2.8V 的基础上采用电阻分压获得,因 0.1V 的电压直接接到运算放大器 AD8616 的同相端,该端的输入电流为 pA 级,可认为是断路,所以采用电阻分压仍可获得极高的电压精度。

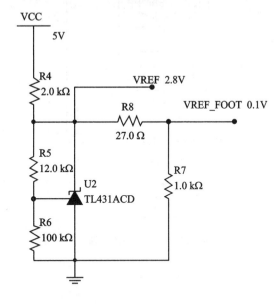

图 6.3-9 基准电压变换电路

(3) 其他电路

除上述电路外,传感系统信号处理器硬件电路还包括串口电平转换电路、电源复位电路、晶振电路、JTAG 接口电路等,因这些电路均比较常见,故此处不再赘述。

通过采集足底压力测量传感系统鞋垫本体中薄膜压力传感器的信息,计算出各传感器所受压力和与压力中心点的位置并发送给双足机器人控制器,是传感系统信号处理器软件程序所要完成的功能。本章将介绍足底压力测量传感系统信号处理器系统软件的总体分析和各传感器所受压力和与压力中心位置的计算方法,并且将压力鞋垫放置于测力台之上,把压力鞋垫和测力台采集到的数据进行对比,以校验传感系统。

3. 软件流程设计

传感系统数据处理软件流程图如图 6.3-10 所示,根据双足机器人的使用要求,信号处理器利用单片机 C8051F226 自带的定时器需要,每 10ms 间隔中断一次,在中断服务子程序中,依次采集压力鞋垫本体中布置的 20 个薄膜压力传感器的信息,然后通过特定的算法计算出各传感器所受压力和与压力中心位置,最后通过串口发送给机器人控制器。

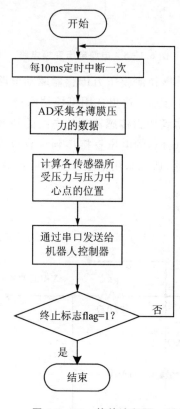

图 6.3-10 软件流程图

四、任务拓展

喷涂机器人又叫喷漆机器人,是可进行自动喷漆或喷涂其他涂料的工业机器人。喷漆机器人主要由机器人本体、计算机和相应的控制系统组成,机体多采用 5 或 6 自由度关节式结构,手臂有较大的运动空间,并可做复杂的轨迹运动,其腕部一般有 2~3 个自由度,可灵活运动,完成各种复杂的喷涂工作,图 6.3-11 是用于喷涂作业的 ABB 机器人。喷漆机器人一般采用液压驱动,具有动作速度快、防爆性能好等特点。由于喷漆机器人相对人工喷漆来说效率高、效果好、利用率高等优点,因此被广泛用于汽车、仪表、电器、搪瓷等工艺生产部门。

由于喷漆机器人在工作过程中几乎是全自动的,因此需要事先进行相关参数的设定,并通过控制设备对工作过程进行测量和监控,以便根据实际情况进行调节,确保始终处于最佳的喷涂状态。其中最重要的是利用压力传感器对喷漆时的压力进行测量,喷口气体压力的大小直接影响喷涂的质量。若压力过小,会导致原料浪费且容易因过喷导致漆料横流而破坏喷漆图案;若压力过大,则会因为喷漆飞溅的而同样产生浪费,在近距离查看时,喷涂表面会有很强的颗粒感,影响喷涂美观效果。通过压力传感器对喷口气体压力的实时测量,并将测量数据发送给控制系统,通过与系统预设值进行比较进而判断压力过大或过小,并以此对压力大小进行调节,使压力值一直处于合适的范围内。这样,通过对压力的控制和调节,既节省了原料提高了利用率,也使得喷涂的质量得到了保证。

霍尼韦尔 TruStability SSC 系列压力传感器是一款微压力传感器,如图 6.3 - 12 所示。通过使用板载专用集成电路(ASIC)针对传感器偏移、灵敏度、温度效应和非线性进行了充分校准和温度补偿,经校准的压力输出值会在 2 kHz 左右。此外,SSC 系列压力传感器具有极高的精度且带内部自诊断系统确保了产品可靠性,其小尺寸设计和可供选择的多压力接口也非常方便用户进行集成和使用。

图 6.3 - 11 ABB 喷涂机器人

图 6.3 - 12 TruStability SSC 压力传感器

想想看

压力传感器的应用范围十分广泛,想一想工业当中还有哪些地方使用了压力传感器,能试想应用压力传感器开发出一个新产品吗?

机器视觉与传感器技术

五、 任务小结

本任务重点对压阻式压力传感器的结构和原理、转换电路进行了介绍,将电阻应变片受到压力后阻值的变化情况转换为压力的大小,使用Flexiforce A301电阻式压力传感器对双足机器人足底压力进行检测。同时,介绍了压力传感器在工业机器人喷涂作业中的应用。

任务四 机器人对光源的检测

一、 任务提出

设计制作一个消防智能机器人,能到指定区域进行抢险灭火工作。以蜡烛模拟火源,随机分布在场地中,模拟灭火场地如图 6.4-1 所示。这个设计主要由三部分组成,即避障、找火、灭火。机器人找到火源后,使用风扇进行灭火。

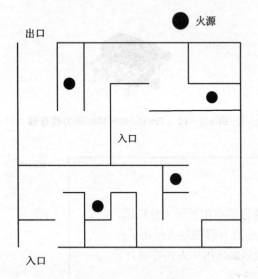

图 6.4-1 火场模拟图

本任务采用风扇灭火,如果要求使用喷水灭火,你能设计一个储水抽水系统,用于控制灭火吗?

二、任务信息

1. 种　类

光敏传感器，亦称光电式传感器，是利用光电器件把光信号转换成电信号（电压、电流、电阻等）的装置。最早的光电转换元件主要是利用光电效应原理制成的，有外光电效应的光电管、光电倍增管，内光电效应的光敏电阻、光导管，阻挡层光电效应的光电二极管、光电晶体管及光电池等。新发展的光电转换元件主要有电荷耦合传感器（Charge Coupled Device，CCD）、光电编码器、计量光栅等。它们除了直接测量光信号以外，还可以间接测量温度、压力、加速度、速度及位移等多种物理量，具有非接触、高精度、高分辨率、高可靠性和抗干扰能力强等优点。其发展速度快、应用范围广，按工作原理可分为光电效应传感器、红外热释电探测器（见红外传感器部分）、固体图像传感器和光纤传感器。

① 光电效应传感器。光照射到物体上使物体发射电子，或电导率发生变化，或产生光生电动势等，这些因光照引起物体点血特性改变的现象称为光电效应。应用光敏材料的光电效应制成的光敏器件称为光电效应传感器。

② 固体图像传感器。固体图像传感器结构上分为两大类：一类是 CCD 制成的 CCD 图像传感器；另一类是用光敏二极管与 MOS 晶体管构成的将光信号变成电荷或电流信号的 MOS 金属氧化物半导体图像传感器。

③ 光纤传感器。光纤传感器是唯一的有源光敏传感器，它利用发光管（LED）或激光管（LD）发射的光，经光纤传输到被检测对象，被检测信号调制后，光沿着光导纤维反射或送到光接收器，经接收器调制后变成电信号。

2. 结　构

（1）光电器件

光电管和光电倍增管同属于用外光电效应制成的光电转换器件。

① 光电管。光电管的外形和结构如图 6.4-2 所示。半圆筒形金属片制成的阴极 K 和位于阴极轴心的金属丝制成的阳极 A 封装在抽成真空的玻壳内，当入射光照射在阴极上时，单

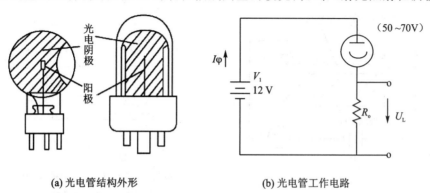

(a) 光电管结构外形　　　　　　　(b) 光电管工作电路

图 6.4-2　光电管结构与工作电路

个光子就把它的全部能量传递给阴极材料中的一个自由电子,从而使自由电子的能量增加 h。当电子获得的能量大于阴极材料的逸出功 A 时,它就可以克服金属表面束缚而逸出,形成电子发射。这种电子称为光电子,光电子逸出金属表面后的初始动能为 $\frac{1}{2}mv^2$。

② 光电倍增管。由于真空光电管的灵敏度低,因此人们研制了具有放大光电流能力的光电倍增管。图 6.4-3 所示为光电倍增管结构示意图。

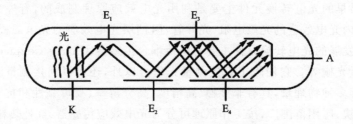

图 6.4-3　光电倍增管结构示意图

(2) 光敏电阻

光敏电阻是采用半导体材料制作的利用内光电效应工作的光电元件。在光线的作用下,其阻值往往变小,这种现象称为光导效应,因此,光敏电阻又称光导管。

用于制造光敏电阻的材料主要是金属的硫化物、硒化物和碲化物等半导体。通常采用涂敷、喷涂、烧结等方法在绝缘衬底上制作很薄的光敏电阻体及梳状欧姆电极,然后接出引线,封装在具有透光镜的密封壳体内,以免受潮,影响其灵敏度。

光敏电阻的原理结构见图 6.4-4。它是涂于玻璃底板上的一薄层半导体物质,半导体的两端装有金属电极,金属电极与引线端相连接,光敏电阻就通过引出线端接入电路。为了防止周围介质的影响,在半导体光敏层上覆盖了一层漆膜,漆膜的成分应使它在光敏层最敏感的波长范围内透射率最大。

光敏电阻的灵敏度易受潮湿的影响,因此要将光电导体严密封装在带有玻璃的壳体中。半导体吸收光子而产生的光电效应,只限于光照的表面薄层。其内部构造如图 6.4-5 所示。

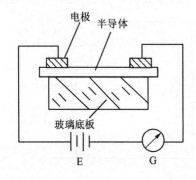

图 6.4-4　光敏电阻的原理结构

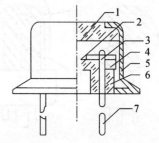

1—玻璃；2—光电导层；3—电极；4—绝缘衬底；
5—金属壳；6—黑色绝缘玻璃；7—引线

图 6.4-5　光敏电阻内部构造图

光敏电阻的电极一般采用梳状,提高了光敏电阻的灵敏度。其特点是灵敏度高,光谱特性好,光谱响应从紫外区一直到红外区,而且体积小、重量轻、性能稳定。

(3) 光敏二极管和光敏晶体管

1) 光敏二极管

光敏二极管的结构与一般二极管相似,是一种利用 PN 结单向导电性的结型光电器件。它装在透明玻璃外壳中,其 PN 结装在管的顶部,可以直接受到光照射(见图 6.4-6(a));光敏二极管在电路中一般是处于反向工作状态(见图 6.4-6(b)),在没有光照射时,反向电阻很大,反向电流很小,这种反向电流称为暗电流。

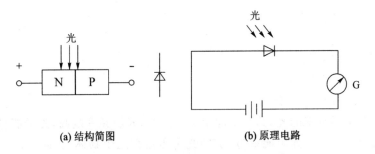

图 6.4-6 光敏二极管的结构与原理电路

当光照射在 PN 结上时,光子打在 PN 结附近,使 PN 结附近产生光生电子和光生空穴对。它们在 PN 结处的内电场作用下作定向运动,形成光电流。光的照度越大,光电流越大。因此光敏二极管在不受光照射时处于截止状态,受光照射时处于导通状态。

2) 光敏晶体管

光敏晶体管与一般晶体管很相似,具有两个 PN 结,只是它的发射极一边做得很大,以扩大光的照射面积。图 6.4-7 所示为 NPN 型光敏晶体管的结构简图和基本电路。

大多数光敏晶体管的基极无引出线,当集电极加上相对于发射极为正的电压而不接基极时,集电结就是反向偏压;当光照射在集电结上时,就会在结附近产生电子—空穴对,从而形成光电流,相当于三极管的基极电流。由于基极电流的增加,集电极电流是光生电流的 β 倍,所以光敏晶体管有放大作用。

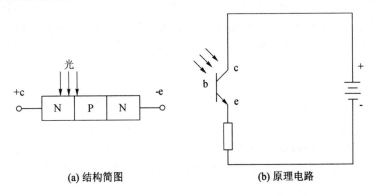

图 6.4-7 光敏晶体管的结构与原理电路

光敏三极管与一只普通三极管制作在同一个管壳内,连接成复合管,称为达林顿型光敏三极管。它的灵敏度更大($\beta=\beta_1\beta_2$)。但是达林顿光敏三极管的漏电(暗电流)较大,频响较差,温漂也较大。

光敏二极管和光敏晶体管的材料几乎都是硅(Si)。在形态上,有单体型和集合型,集合型是在一块基片上有两个以上光敏二极管。

3. 转换原理

光电元器件工作的物理基础是光电效应。

根据光的波粒二象性,我们可以认为光是一种以光速运动的"粒子流",这种粒子称为光子。

每个光子具有的能量为

$$E = h \cdot v \tag{6.4-1}$$

式中:v——光波频率;

h——普朗克常数;

$h = 6.63 \times 10^{-34}$ J/Hz。

由此可见,对不同频率的光,其光子能量是不同的,光波频率越高,光子能量越大。用光照射某一物体,可以看作是一连串能量为 $h\gamma$ 的光子轰击在这个物体上,此时光子能量就传递给电子,并且是一个光子的全部能量一次性地被一个电子所吸收,电子得到光子传递的能量后其状态就会发生变化,从而使受光照射的物体产生相应的电效应,这种物体材料吸收光子能量而发生相应电效应的物理现象称为光电效应。

光电元器件工作工作原理表述如下。

(1) 光电管的原理

根据能量守恒定律有

$$\frac{1}{2}mv^2 = h\gamma - A \tag{6.4-2}$$

式中:m——电子质量,kg;

v——电子逸出的初速度,m/s;

A——阴极材料的逸出功,J。

由上式可知,要使光电子逸出阴极表面的必要条件是 $h > A$。由于不同材料具有不同的逸出功,因此对每一种阴极材料,入射光都有一个确定的频率限,当入射光的频率低于此频率限时,不论光强多大,都不会产生光电子发射,此频率限称为"红限"。相应的波长为:

$$\lambda k = \frac{hc}{A} \tag{6.4-3}$$

式中:λk——红限波长;

m;c——光速,m/s。

光电管正常工作时,阳极电位高于阴极,如图 6.4-7(b)所示。在入射光频率大于"红限"的前提下,从阴极表面逸出的光电子被具有正电位的阳极所吸引,在光电管内形成空间电子流,称为光电流。

此时若光强增大,轰击阴极的光子数增多,单位时间内发射的光电子数也就增多,光电流变大。在图 6.4-7(b)所示的电路中,电流和电阻 R_0 上的电压降就和光强成函数关系,从而

实现光电转换。即

$$UL = F(\phi) \tag{6.4-4}$$

(2) 光电倍增管工作原理

电子被带正电位的阳极所吸引,在光电管内就有电子流,在外电路中便产生了电流。如图 6.4-8 所示,光电倍增管也有一个阴极 K 和一个阳极 A,与光电管不同的是在它的阴极和阳极间设置了若干个二次发射电极即 D1、D2、D3……,它们称为第一倍增电极、第二倍增电极……,倍增电极通常为 10~15 级。

光电倍增管工作时,相邻电极之间保持一定电位差,其中阴极电位最低,各倍增电极电位逐级升高,阳极电位最高。

当入射光照射阴极 K 时,从阴极逸出的光电子被第一倍增电极 D1 加速,以高速轰击 D1,引起二次电子发射,一个入射的光电子可以产生多个二次电子,D1 发射出的二次电子又被 D1、D2 间的电场加速,射向 D2 并再次产生二次电子发射……,这样逐级产生的二次电子发射,使电子数量迅速增加,这些电子最后到达阳极,形成较大的阳极电流。

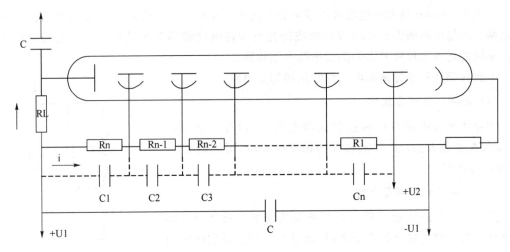

图 6.4-8 光电倍增管基本电路

若倍增电极有 N 级,各级的倍增率为 σ,则光电倍增管的倍增率可以认为是 σN,因此,光电倍增管有极高的灵敏度。在输出电流小于 1mA 的情况下,它的光电特性在很宽的范围内具有良好的线性关系。光电倍增管的这个特点使其多用于微光测量。

(3) 光敏电阻工作原理

光敏电阻的原理如图 6.4-9 所示。在黑暗环境里,它的电阻值很高,当受到光照时,只要光子能量大于半导体材料的禁带宽度,则价带中的电子吸收一个光子的能量后可跃迁到导带,并在价带中产生一个带正电荷的空穴,这种由光照产生的电子—空穴对增加了半导体材料中载流子的数目,使其电阻率变小,从而造成光敏电阻阻值下降。

光照愈强,阻值愈低。入射光消失后,由光子激发产生的电子—空穴对将逐渐复合,光敏电阻的阻值也就逐渐恢复原值。

在光敏电阻两端的金属电极之间加上电压,其中便有电流通过,受到适当波长的光线照射时,电流就会随光强的增加而变大,从而实现光电转换。

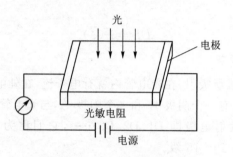

图 6.4-9　光敏电阻原理图

光敏电阻没有极性,纯粹是一个电阻器件,使用时既可加直流电压,也可以加交流电压。一般希望暗电阻越大越好,亮电阻越小越好,此时光敏电阻的灵敏度高。实际光敏电阻的暗电阻值一般在兆欧级,亮电阻在几千欧以下。

4. 转换电路

由光源、光学通路和光电器件组成的光电传感器在用于光电检测时,还必须配备适当的测量电路。测量电路能够把光电效应造成的光电元件电性能的变化转换成所需要的电压或电流。不同的光电元件所要求的测量电路也不相同。

下面介绍几种半导体光电元件常用的测量电路。

(1) 光敏电阻测量电路

半导体光敏电阻可以通过较大的电流,所以在一般情况下,无须配备放大器。在要求较大的输出功率时,可用图 6.4-10 所示的电路。

(2) 光敏二极管测量电路

图 6.4-11(a)所示为带有温度补偿的光敏二极管桥式测量电路。当入射光强度缓慢变化时,光敏二极管的反向电阻也是缓慢变化的,温度的变化将造成电桥输出电压的漂移,必须进行补偿。图中一个光敏二极管作为检测元件,另一个装在暗

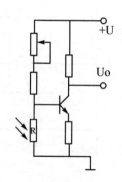

6.4-10　光敏电阻测量电路

盒里,置于相邻桥臂中,温度的变化对两只光敏二极管的影响相同,因此,可消除桥路输出随温度的漂移。

光敏三极管在低照度入射光下工作时,或者希望得到较大的输出功率时,也可以配以放大电路,如图 6.4-11(b)所示。

(3) 光电池测量电路

由于光电池即使在强光照射下,最大输出电压也仅 0.6V,还不能使下一级晶体管有较大的电流输出,故必须加正向偏压,如图 6.4-12(a)所示。

为了减小晶体管基极电路阻抗变化,尽量降低光电池在无光照时承受的反向偏压,可在光电池两端并联一个电阻;或如图 6.4-12(b)所示,利用锗二极管产生的正向压降和光电池受到光照时产生的电压叠加,使硅管 e、b 极间电压大于 0.7V,而导通工作;也可以使用硅光电池组,如图 6.4-12(c)所示。

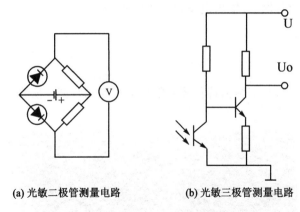

(a) 光敏二极管测量电路　　(b) 光敏三极管测量电路

图 6.4-11　光敏晶体管测量电路

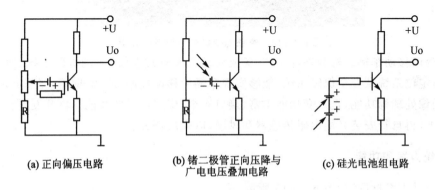

(a) 正向偏压电路　　(b) 锗二极管正向压降与　　(c) 硅光电池组电路
　　　　　　　　　　光电电压叠加电路

图 6.4-12　光电池测量电路

（4）光电元件集成运放电路

半导体光电元件的光电转换电路也可以使用集成运算放大器。硅光敏二极管通过集成运放可得到较大输出幅度。如图 6.4-13(a)所示,当光照产生的光电流为 I_Φ 时,输出电压 $U_0 = I_\Phi R_F$,为了保证光敏二极管处于反向偏置,在它的正极要加一个负电压。

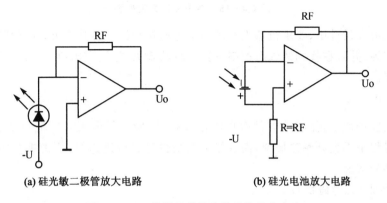

(a) 硅光敏二极管放大电路　　(b) 硅光电池放大电路

图 6.4-13　使用运放的光敏元件放大电路

图 6.4-13(b)所示为硅光电池的光电转换电路,由于光电池的短路电流和光照呈线性关系,因此将它接在运放的正、反相输入端之间,利用这两端电位差接近于零的特点,可以得到较

好的效果。在图中所示条件下,输出电压 $U_0 = 2I_\Phi R_F$。

三、任务完成

本任务使用的小车为北京赛佰特科技有限公司物联网智能车实训系统Ⅲ型,如图 6.4-14 所示。

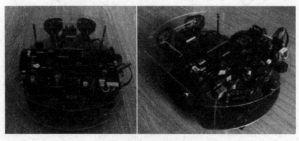

图 6.4-14　物联网智能车实训系统Ⅲ型

该平台以移动车辆结构为硬件主体,集成移动电源管理系统、驱动电路系统、通信控制系统、导航与定位系统及安全保障系统,能够实现车辆的移动控制、巡线、壁障、测速测距、导航定位、视频图像处理等功能,是一套功能丰富、接口齐全、应用广泛的智能车辆开发平台。在此智能车平台上,再自行安装光敏电阻传感器和风扇,以完成任务。

1. 系统方案和功能

系统设计方案框图,如图 6.4-15 所示。

图 6.4-15　系统设计方案框图

在机器人灭火设计中,要求机器人在场地里迅速找到蜡烛将其熄灭,在寻找过程中要避免碰撞墙壁与蜡烛,并且在找到蜡烛后控制机器人将其熄灭,最后由出口出来。本灭火机器人要实现以下功能。

(1) 避　障

由于在实验场地中,任何地方都有可能摆放蜡烛,所以机器人必须能够实现搜索任意位置。在行走过程中不允许触碰墙壁,而且尽可能快得完成行进路线,不走重复的路程,在考虑"行走"时分两种情况:

① 正常行走(无障碍物);
② 避障行走(有障碍物)。

对于第一种情况,无须在硬件上添加任何传感器,但对于第二种情况,需要在硬件上添加两组光电开关,进而对其进行编程控制。

(2) 找　火

机器人在行走过程中要不断判读是否有火源;如有,还要判断火源在机器人的哪个方位、与机器人的距离等。

选用光敏传感器(火焰探头)至关重要。在寻找火源时机器人的左前、右前、正前3个方向各装上一个火焰探头,提高探火效率。"找火"分成三部分:

① 确定机器人感应到"火"时的光强临界值,包括感觉到或找到火光的临界值和机器人处在合适灭火位置的临界值;

② 收集探测数据,包括碰撞检测数据和光强检测数据;

③ 对收集额数据和基准值进行比较,控制机器人找火行为和灭火行为。

(3) 灭　火

找到火源后,通过灭火装置迅速将火熄灭。机器人经过行"行走""找火"之后,本设计采用风扇来灭火。

2. 主要模块

(1) 电机驱动模块

通过 L298N 控制小车电机转动速度和方向,并且把解码器输出的内容传递给 STM32 主控板,电机驱动模块见图 6.4 - 16。这里采用直流电机作为该系统的驱动电机,直流电机的控制方法比较简单,只需给电机的两个控制线加上适当的电压即可使电机转动起来,电压越高则电机转速越高,而且改变正负极即可方便的改变电机转动的方向,方便改变小车的行进状态。对于直流电机的速度调高,可以采用改变电压的方法,也可采用 PWM 调速方法。PWM 调速就是使加在直流电机两端的电压为方波形式,通过改变方波的占空比,实现对电机转速的调节。

(2) 避障模块

智能车自带 3 路红外壁障传感器,采用光电开关探头,光电开关原理简单,自行发射红外线,检测距离 3～80cm,当有障碍物时,自身能够检测到电平的变化,单片机端口接收电平的变化从而判断是否附近有障碍物,从而实现避障功能。此方案优点是设备简单、成本低、稳定性高、速度快。

图 6.4 - 16　L298N 电机驱动模块

(3) 光敏传感器模块

采用红外接收二极管,红外接收二极管将外界红外光的变化转化为电流的变化,通过 A/D 转换器将模拟信号转换为 0～1 023 范围内的数字信号。外界红外光越强,数值越小,根据数值的变化能判断红外光线的强弱,从而能大致判别出火源的远近。红外接收二极管可以用来探测火源或其他一些波长在 760nm～1 100nm 范围内的热源,探测角度达 60°,其中红外光波长在 940nm 附近时,其灵敏度达到最大。集成远红外探头将外界红外光的强弱转化为电压的变化,将光敏传感器信号端作为电压比较器的输入端,与设定的电压值比较,使得在一定距离内检测到火源时,比较器输出端都为低电压。传感器模块电路原理图如图 6.4-17 所示。

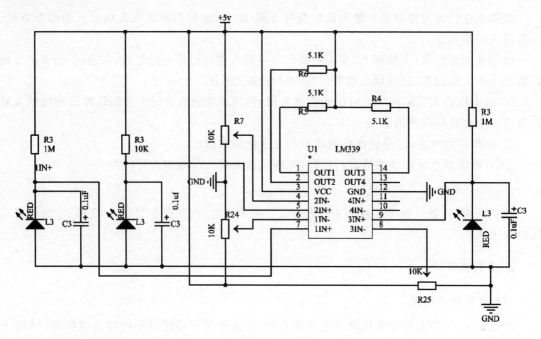

图 6.4-17　光敏传感器模块原理图

3. 软件设计流程

当接收管发现火源时,其电阻会发生变化,在电路上常体现在电压的变化进而经过 LM339 等电路整形后会输出高低电平信号,没有检测到光源为低电平,检测到光源为高电平。单片机采集到高低电平信号,实现对机器人灭火的控制。主程序软件流程如图 6.4-18 所示。

四、任务拓展

光电检测方法具有精度高、反应快、非接触等优点,而且可测参数多,传感器的结构简单,形式灵活多样,体积小。

近年来,随着光电技术的发展,光电传感器已成为系列产品,其品种及产量日益增加,用户可根据需要选用各种规格产品,在各种轻工自动机上获得广泛的应用。

1. 光电式带材跑偏检测器

带材跑偏检测器用来检测带型材料在加工中偏离正确位置的大小及方向,从而为纠偏控制电路提供纠偏信号,主要用于印染、送纸、胶片、磁带生产过程中。

光电式带材跑偏检测器原理如图 6.4-19 所示。光源发出的光线经过透镜 1 会聚为平行光束,投向透镜 2,随后被会聚到光敏电阻上。在平行光束到达透镜 2 的途中,有部分光线受到被测带材的遮挡,使传到光敏电阻的光通量减少。

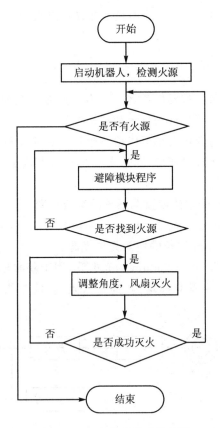

图 6.4-18 主程序软件流程图

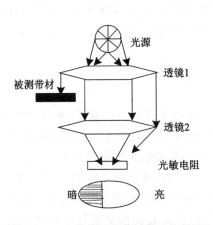

图 6.4-19 带材跑偏检测器工作原理

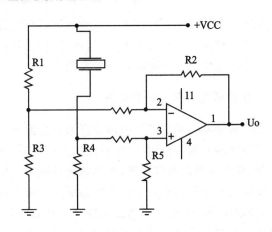

图 6.4-20 测量电路

图 6.4-20 所示为测量电路简图。R1、R2 是同型号的光敏电阻。R1 作为测量元件装在带材下方,R2 用遮光罩罩住,起温度补偿作用。

当带材处于正确位置(中间位)时,由 R1、R2、R3、R4 组成的电桥平衡,使放大器输出电压 Uo 为 0。当带材左偏时,遮光面积减少,光敏电阻 R1 阻值减少,电桥失去平衡。差动放大器将这一不平衡电压加以放大,输出电压 Uo 为负值,它反映了带材跑偏的方向及大小。当带材右偏时，Uo 为正值。输出信号 Uo 一方面由显示器显示出来，另一方面被送到执行机构，为纠偏控制系统提供纠偏信号。

2. 烟尘源监测系统

防止工业烟尘污染是环保的重要任务之一。为了消除工业烟尘污染，首先要知道烟尘排放量，因此必须对烟尘源进行监测、自动显示和超标报警。

光在烟道在传输过程中的变化大小可以检测烟道里的烟尘浊度。如果烟道浊度增加，光源发出的光被烟尘颗粒吸收和折射增加，到达光检测器的光减少。因此光检测器输出信号的强弱便可反映烟道浊度的变化。

图 6.4-21 所示为吸收式烟尘浊度监测系统的组成框图。

为了检测出烟尘中对人体危害性最大的亚微米颗粒的浊度，避免水蒸气与二氧化碳对光源衰减的影响，选取 400～700nm 波长的白炽光作光源。

光检测器光谱响应范围为 400～600nm 的光电管，用于获取随浊度变化的相应电信号。

为了提高检测灵敏度，采用具有高增益、高输入阻抗、低零漂、高共模抑制比的运算放大器，对信号进行放大。

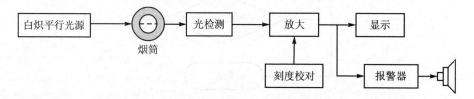

图 6.4-21　吸收式烟尘浊度监测系统组成框图

刻度校正被用来进行调零与调满刻度，以保证测试准确性。显示器可显示浊度瞬时值。

报警电路由多谐振荡器组成，当运算放大器输出浊度信号超过规定时，多谐振荡器工作，输出信号经放大后推动喇叭发出报警信号。

3. 生产线托盘有无物料检测

光纤传感器的基本工作原理是将来自光源的光信号经过光纤送入调制器，使待测参数与进入调制区的光相互作用后，导致光的光学性质（如光的强度、波长、频率、相位、偏振态等）发生变化，成为被调制的信号源，在经过光纤送入光探测器，经解调后获得被测参数。

反射式光纤传感器的工作原理是采用两束多模光纤，一端合并组成光纤探头，另一端分为两束，分别作为接收光纤和光源光纤。当光发射器发生的红外光经光源光纤照射至反射体，被反射的光经接收光纤传至光电转换元件后，光电转换元件将接收到的光信号转换为电信号。其输出的光强与反射体距光纤探头的距离之间存在一定的函数关系，所以可通过对光强的检测来检测是否有物体存在。

根据此原理，赛佰特智能制造平台上安装了型号为 E32-LT11R 2M 的欧姆龙光纤传感器，可用于检测平台生产线上料仓及托盘库有无物料，如图 6.4-22 所示。

项目六 其他外部传感器

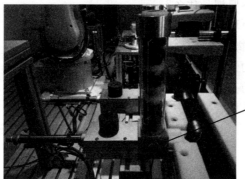

图 6.4-22 赛佰特智能制造平台

想想看

利用光敏传感器，能不能设计一个自动检测室外亮度调节室内灯开或关或调节灯光亮暗的装置？

五、任务小结

光敏传感器又称光电式传感器，种类繁多，本任务主要对光敏电阻、光敏二极管、光敏三极管和光电池进行了原理和结构介绍，通过模拟火场，机器人利用红外接收二极管检测光火源进行灭火。光电式传感器在带材跑偏检测、烟尘浊度监测方面也有所应用。

六、思考与练习

① 什么是超声波？各有几种波形？各有何特点？
② 超声波传感器的主要应用在哪些方面测量？

③ 红外光子探测器的基本原理是什么？
④ 红外热探测器的基本原理是什么？
⑤ 什么是压电效应，它的物理本质是什么？
⑥ 了解金属应变片的结构知识，说出每一部分的功能。
⑦ 什么是光电效应？它的基本工作原理是什么？
⑧ 说一说光电管和光电倍增管的原理。

项目七　机器人传感系统分析

工业机器人中,传感器的作用日益重要,除采用传统的位置、速度、加速度等传感器外,装配、焊接机器人还应用了视觉、力觉等传感器;而遥控机器人则采用视觉、声觉、力觉、触觉等多传感器的融合技术来进行环境建模及决策控制。多传感器融合技术在产品化系统中已经得到应用。图7.0-1所示为北京赛佰特公司研发的工业机器人智能制造平台,平台上融合了多种传感器,如红外传感器、光纤传感器、漫反射传感器。

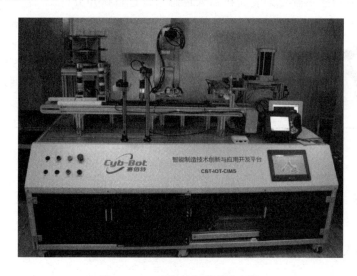

图7.0-1　赛佰特智能制造平台

智能自主移动机器人系统能够通过传感器感知外界环境和自身状态,实现在有障碍物环境中面向目标的自主运动,从而完成一定作业功能。其本身能够认识工作环境和工作对象,能够根据人给予的指令和"自身"认识外界来独立地工作,能够利用操作机构和移动机构完成复杂的操作任务,这就是通常所说的智能自主移动机器人的导航技术。而定位则是确定移动机器人在工作环境中相对于全局坐标的位置及其本身的姿态,是移动机器人导航的基本环节。

机器人手爪作为机器人关键零部件之一,是机器人与环境相互作用的最后环节和执行部件,其性能的优劣在很大程度上决定了整个机器人的工作性能。机器人手爪是用来握持工件或工具的部件,是重要的执行机构之一。根据机器人所握持的工件形状不同,手爪可分为多种类型,主要有三类:机械手爪,又称为机械夹钳,包括2指、3指和变形指;特殊手爪,包括磁吸盘、焊枪等;通用手爪,包括2指到5指。

机器视觉与传感器技术

任务一 机器人装配传感系统

一、任务提出

装配机器人要求传感器具备视觉、触觉和力觉等感觉能力。通常,装配机器人对工作位置的要求更高。现在,越来越多的机器人正进入装配工作领域,主要任务是销、轴、螺钉和螺栓等装配工作。为了使被装配的零件获得对应的装配位置,采用视觉系统选择合适的装配零件,并对它们进行粗定位,机器人触觉系统能够自动校正装配位置。

本任务是对多传感器融合的装配机器人传感系统进行认知分析。

机器人装配生产线大大提高了工作效率和精度,大家可以利用专业见习去亲自参观下机器人装配生产线,那么机器人是如何实现高精度装配工作的呢?

二、任务信息

1. 装配机器人传感系统

(1) 位姿传感器

1) 远程中心柔顺(RCC)装置

远程中心柔顺装置不是实际的传感器,在发生错位时起到感知设备的作用,并为机器人提供修正的措施。RCC 装置完全是被动的,没有输入和输出信号,也称被动柔顺装置。

RCC 装置是机器人腕关节和末端执行器之间的辅助装置,使机器人末端执行器在需要的方向上增加局部柔顺性,而不会影响其他方向的精度。

图 7.1-1 所示为 RCC 装置的原理,它由两块刚性金属板组成,其中剪切柱在提供横侧向柔顺的同时,将保持轴向的刚度。实际上,一种装置只在横侧向和轴向或者在弯曲和翘起方向提供一定的刚性(或柔性),它必须根据需要来选择。每种装置都有一个给定的中心到中心的距离,此距离决定远程柔顺中心相对柔顺装置中心的位置。因此,如果有多个零件或许多操作,需有多个 RCC 装置,并要分别选择。

RCC 的实质是机械手夹持器具有多个自由度的弹性装置,通过选择和改变弹性体的刚度可获得不同程度的适从性。

RCC 部件间的失调引起转矩和力,通过 RCC 装置中不同类型的位移传感器可获得跟转

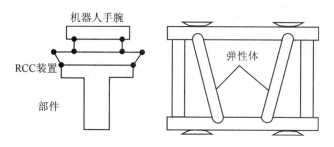

图 7.1-1 RCC 装置的原理

矩和力成比例的电信号,使用该电信号作为力或力矩反馈的 RCC 称 IRCC(Instrument Remote Control Centre)。Barry Wright 公司的 6 轴 IRCC 提供跟 3 个力和 3 个力矩成比例的电信号,内部有微处理器、低通滤波器以及 12 位数模转换器,可以输出数字和模拟信号。

2) 主动柔顺装置

主动柔顺装置根据传感器反馈的信息对机器人末端执行器或工作台进行调整,补偿装配件间的位置偏差。

根据传感方式的不同,主动柔顺装置可分为基于力传感器的柔顺装置、基于视觉传感器的柔顺装置和基于接近觉传感器的柔顺装置。

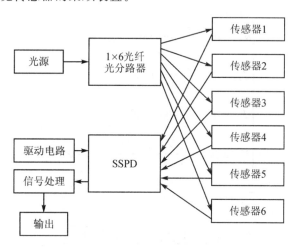

图 7.1-2 位姿偏差传感系统原理

① 基于力传感器的柔顺装置。使用力传感器的柔顺装置的目的,一方面是有效控制力的变化范围,另一方面是通过力传感器的反馈信息来感知位置信息,进行位置控制。就安装部位而言,力传感器可分为关节力传感器、腕力传感器和指力传感器。关节力/力矩传感器使用应变片进行力反馈,由于力反馈是直接加在被控制关节上,且所有的硬件用模拟电路实现,避开了复杂计算难题,响应速度快;腕力传感器安装于机器人与末端执行器的连接处,它能够获得机器人实际操作时的大部分的力信息,精度高、可靠性好、使用方便,常用的结构包括十字梁式、轴架式和非径向三梁式,其中十字梁结构应用最为广泛;指力传感器一般通过应变片测量而产生多维力信号,常用于小范围作业,精度高、可靠性好,但多指协调复杂。

② 基于视觉传感器的柔顺装置。基于视觉传感器的主动适从位置调整方法是通过建立以注视点为中心的相对坐标系,对装配件之间的相对位置关系进行测量,测量结果具有相对的

稳定性，其精度与摄像机的位置相关。螺纹装配采用力和视觉传感器，建立一个虚拟的内部模型，该模型根据环境的变化对规划的机器人运动轨迹进行修正；轴孔装配中用二维 PSD 传感器来实时检测孔的中心位置及其所在平面的倾斜角度，PSD 上的成像中心即为检测孔的中心。当孔倾斜时，PSD 上所成的像为椭圆，通过与正常没有倾斜的孔所成图像的比较就可获得被检测孔所在平面的倾斜度。

③ 基于接近觉传感器的柔顺装置。装配作业需要检测机器人末端执行器与环境的位姿，多采用光电接近觉传感器。光电接近觉传感器具有测量速度快、抗干扰能力强、测量点小和使用范围广等优点。用一个光电传感器不能同时测量距离和方位的信息，往往需要用两个以上的传感器来完成机器人装配作业的位姿检测。

④ 光纤位姿偏差传感系统。图 7.1-2 所示为集螺纹孔方向偏差和位置偏差检测于一体的位姿偏差传感系统原理。该系统采用多路单纤传感器，光源发出的光经 1×6 光纤分路器，分成 6 路光信号进入 6 个单纤传感点，单纤传感点同时具有发射和接收功能。传感点为反射式强度调制传感方式，反射光经光纤按一定方式排列，由固体二极管阵列 SSPD 光敏器件接受，最后进入信号处理。3 个检测螺纹孔方向的传感器（1、2、3）分布在螺纹孔边缘圆周（2～3cm）上，传感点 4、5、6 检测螺纹位置，垂直指向螺纹孔倒角锥面，传感点 2、3、5、6 与传感点 1、4 垂直。根据多模光纤纤端出射光场的强度分布，可得到螺纹孔方向检测和螺纹孔中心位置的数学模型为

$$\begin{cases} d_1 = d - \dfrac{\phi_2}{2}\cos\alpha\tan\theta \\ d_2 = d + \dfrac{\phi_2}{2}\sin\alpha\tan\theta \\ d_3 = d - \dfrac{\phi_2}{2}\sin\alpha\tan\theta \\ E_i(\alpha,\theta) = \dfrac{V_i(d_i,\theta)}{V_{i+1}(d_{i+1},\theta)} \quad i=0,1,2 \end{cases} \qquad (7.1-1)$$

$$\begin{cases} d_4 = \dfrac{2h}{\sqrt{3}} - \dfrac{\phi_1 - 2\sqrt{e_x^2 + (\phi_1/2 + e_y)^2}}{4} \\ d_5 = \dfrac{2h}{\sqrt{3}} - \dfrac{\phi_1 - 2\sqrt{(\phi_1/2 - e_x)^2 + e_y^2}}{4} \\ d_6 = \dfrac{2h}{\sqrt{3}} - \dfrac{\phi_1 - 2\sqrt{(\phi_1/2 + e_x)^2 + e_y^2}}{4} \\ E_i(d_{i-1},d_i) = \dfrac{V_{i-1}(d_{i-1})}{V_i(d_i)} \quad i=5,6 \end{cases} \qquad (7.1-2)$$

式中：d——传感头中心到螺纹孔顶面的距离，mm；

d_i——第 i 个传感点到螺纹孔顶面的距离，mm；

θ——螺纹孔顶面与传感头之间的倾斜角，°；

α——传感头转角，°；

ϕ_2——传感点 1、2、3 所处圆的直径，mm；

ϕ_1——传感点 4、5、6 所处圆的直径，mm；

h——传感头到螺纹孔顶面的距离,mm;

$V_i(d_i,\theta)$——传感点 i 在螺纹孔的位姿为 d_i 和 θ 时的电压输出信号,V;

e_x、e_y——传感点 4、5、6 中心与螺纹孔中心的偏心值,mm。

由式(7.1-1)可求解螺纹孔位姿参数 α 和 θ,由式(7.1-2)可求解螺纹孔的中心位置。

⑤ 电涡流位姿检测传感系统。电涡流位姿检测传感系统是通过确定由传感器构成的测量坐标系和测量体坐标系之间的相对坐标变换关系来确定位姿。当测量体安装在机器人末端执行器上时,通过比较测量体的相对位姿参数的变化量,可完成对机器人的重复位姿精度检测。图 7.1-3 所示为位姿检测传感系统框图。检测信号经过滤波、放大、A/D 变换送入计算机进行数据处理,计算出位姿参数。

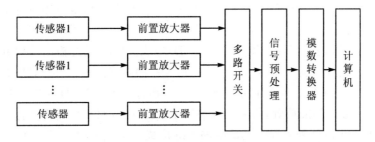

图 7.1-3 位姿检测传感系统框图

为了能用测量信息计算出相对位姿,由 6 个电涡流传感器组成的特定空间结构来提供位姿和测量数据。传感器的测量空间结构如图 7.1-4 所示,6 个传感器构成三维测量坐标系,其中传感器 1、2、3 对应测量面 xOy,传感器 4、5 对应测量 xOz,传感器 6 对应测量面 yOz。每个传感器在坐标系中的位置固定,这 6 个传感器所标定的测量范围就是该测量系统的测量范围。当测量体相对于测量坐标系发生位姿变化时,电涡流传感器的输出信号会随测量距离成比例的变化。

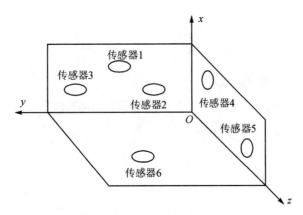

图 7.1-4 传感器的测量空间结构

(2) 柔性腕力传感器

装配机器人在作业过程中需要与周围环境接触,在接触的过程中往往存在力和速度的不连续问题。腕力传感器安装在机器人手臂和末端执行器之间,更接近力的作用点,受其他附加因素的影响较小,可以准确地检测末端执行器所受外力/力矩的大小和方向,为机器人提供力感信息,有效地扩展了机器人的作业能力。

柔性手腕能在机器人的末端操作器与环境接触时产生变形,并且能够吸收机器人的定位误差。机器人柔性腕力传感器将柔性手腕与腕力传感器有机地结合在一起,不但可以为机器人提供力/力矩信息,而且因为本身是柔顺机构,可以产生被动柔顺,吸收机器人产生的定位误差,保护机器人、末端操作器和作业对象,提高机器人的作业能力。

柔性腕力传感器一般由固定体、移动体和连接二者的弹性体组成。固定体和机器人的手腕连接,移动体和末端执行器相连接,弹性体采用矩形截面的弹簧,其柔顺功能就是由能产生弹性变形的弹簧完成。柔性腕力传感器利用测量弹性体在力/力矩的作用下产生的变形量来计算力/力矩。

柔性腕力传感器的工作原理如图 7.1-5 所示,柔性腕力传感器内环相对于外环位置和姿态的测量采用非接触式测量。传感元件由 6 个均匀分布在内环上的红外发光二极管(LED)和 6 个均匀分布在外环上的线型位置敏感元件(PSD)构成。PSD 通过输出模拟电流信号来反映照射在其敏感面上光点的位置,具有分辨率高、信号检测电路简单、响应速度快等优点。

为了保证 LED 发出的红外光形成一个光平面,在每一个 LED 的前方安装了一个狭缝,狭缝按照垂直和水平方式间隔放置,与之对应的线型 PSD 则按照与狭缝相垂直的方式放置。

6 个 LED 所发出的红外光通过其前端的狭缝形成 6 个光平面 $O_i(i=1,2,\cdots,6)$,与 6 个相应的线型 PSD $L_i(i=1,2,\cdots,6)$ 形成 6 个交点。当内环相对于外环移动时,6 个交点在 PSD 的位置发生变化,引起 PSD 的输出变化。根据 PSD 输出信号的变化,可以求得内环相对于外环的位置和姿态。内环的运动将引起连接弹簧的相应变形,考虑到弹簧的作用力与形变的线性关系,可以通过内环相对于外环的位置和姿态关系解算出内环上所受到的力和力矩的大小,从而完成柔性腕力传感器的位姿和力/力矩的同时测量。

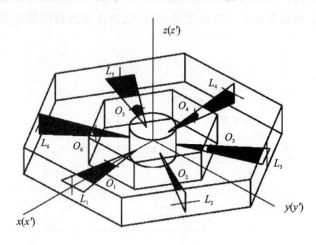

图 7.1-5　柔性腕力传感器的工作原理

(3) 工件识别传感器

工件识别(测量)的方法有接触识别、采样式测量、邻近探测、距离测量、机械视觉识别等。

① 接触识别。在一点或几点上接触以测量力,这种测量一般精度不高。

② 采样式测量。在一定范围内连续测量,比如测量某一目标的位置、方向和形状。在装配过程中的力和扭矩的测量都可以采用这种方法,这些物理量的测量对于装配过程非常重要。

③ 邻近探测。邻近探测属非接触测量,测量附近的范围内是否有目标存在,一般安装在机器人的抓钳内侧,探测被抓的目标是否存在以及方向、位置是否正确。测量原理可以是气动的、声学的、电磁的和光学的。

④ 距离测量。距离测量也属非接触测量,即测量某一目标到某一基准点的距离。例如,一只在抓钳内装的超声波传感器就可以进行这种测量。

⑤ 机械视觉识别。利用机械视觉识别的方法可以测量某一目标相对于一基准点的位置方向和距离。

图 7.1-6 所示为机械视觉识别。其中图 7.1-6(a)为使用探针矩阵对工件进行粗略识别,图 7.1-6(b)为使用直线性测量传感器对工件进行边缘轮廓识别,图 7.1-6(c)为使用点传感技术对工件进行特定形状识别。

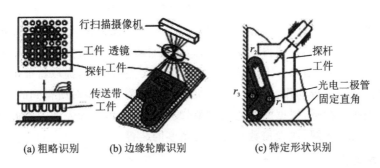

图 7.1-6 机械视觉识别

当采用接触式(探针)或非接触式探测器识别工件时,存在与网栅的尺寸有关识别误差。如图 7.1-7 所示探测器工件识别中,在工件尺寸 b 方向的识别误差为式(7.1-3)

$$\Delta E = t(1+n) - \left(b + \frac{d}{2}\right) \quad (7.1-3)$$

式中:b——工件尺寸,mm;

d——光电二极管直径,mm;

n——工件覆盖的网栅节距数;

t——网栅尺寸,mm。

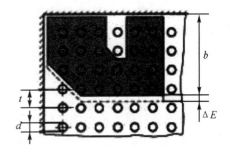

图 7.1-7 探测器工件识别

(4) 装配机器人视觉传感技术

1) 视觉传感系统组成

装配过程中,机器人使用视觉传感系统可以解决零件平面测量、字符识别(文字、条码、符号等)、完善性检测、表面检测(裂纹、刻痕、纹理)和三维测量。

机器人的视觉系统类似于人的视觉系统,是通过图像和距离等传感器来获取环境对象的图像、颜色和距离等信息,然后传递给图像处理器,利用计算机从二维图像中理解和构造出三维世界的真实模型。

图 7.1-8 所示为机器人视觉传感系统的原理。摄像机获取环境对象的图像,经 A/D 转换器转换成数字量,从而变成数字化图形。通常一幅图像划分为 512×512 像素或 256×256

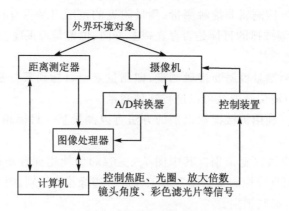

图 7.1-8 机器人视觉传感系统

像素,各点亮度用 8 位二进制表示,即可表示 256 个灰度。图像输入以后进行各种处理、识别以及理解,另外,通过距离测定器得到距离信息,经过计算机处理得到物体的空间位置和方位,通过彩色滤光片得到颜色信息。上述信息经图像处理器进行处理,提取特征,处理的结果再输出到机器人,以控制它进行动作。另外,作为机器人的眼睛不但要对所得到的图像进行静止处理,而且要积极地扩大视野,根据所观察的对象,改变眼睛的焦距和光圈。因此,机器人视觉系统还应具有调节焦距、光圈、放大倍数和摄像机角度的装置。

2) 图像处理过程

视觉系统首先要做的工作是摄入实物对象的图形,即解决摄像机的图像生成模型。它包含两个方面的内容:一是摄像机的几何模型,即实物对象从三维景物空间转换到二维图像空间,关键是确定转换的几何关系;二是摄像机的光学模型,即摄像机的图像灰度与景物间的关系。由于图像的灰度是摄像机的光学特性、物体表面的反射特性、照明情况、景物中各物体的分布情况(产生重复反射照明)的综合结果,所以从摄入的图像分解出各因素在此过程中所起的作用是不容易的。

视觉系统要对摄入的图像进行处理和分析。摄像机捕捉到的图像不一定是图像分析程序可用的格式,有些需要进行改善以消除噪声,有些则需要简化,还有的需要增强、修改、分割和滤波等。图像处理指的就是对图像进行改善、简化、增强或其他变换的程序和技术的总称。图像分析是对一幅捕捉到的并经过处理后的图像进行分析,从中提取图像信息,辨识或提取关于物体或周围环境特征。

3) ConsightⅠ视觉系统

图 7.1-9 所示为 ConsightⅠ视觉系统,用于美国通用汽车公司的制造装置中,能在噪声环境下利用视觉识别抓取工件。

该系统为了从零件的外形获得准确、稳定的识别信息,巧妙地设置照明光,从倾斜方向向传送带发送两条窄条缝隙光,用安装在传送带上方的固态线性传感器摄取图像,而且预先把两条缝隙光调整到刚好在传送带上重合的位置。这样,当传送带上没有零件时,缝隙光合成了一条直线,可是当零件随传送带通过时,缝隙光变成两条线,其分开的距离同零件的厚度成正比。由于光线的分离之处正好就是零件的边界,所以利用零件在传感器下通过的时间就可以取出准确的边界信息。主计算机可处理装在机器人工作位置上方的固态线性阵列摄像机所检测的

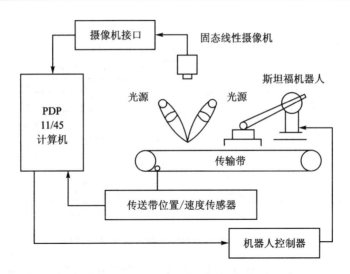

图 7.1－9　Consight Ⅰ 视觉系统

工件,有关传送带速度的数据也送到计算机中处理。当工件从视觉系统位置移动到机器人工作位置时,计算机利用视觉和速度数据确定工件的位置、取向和形状,并把这种信息经接口送到机器人控制器。根据这种信息,工件仍在传送带上移动时,机器人便能成功地接近和拾取工件。

三、任务完成

自动生产线上,被装配的工件初始位置时刻在运动,属于环境不确定的情况。机器人进行工件抓取或装配时使用力和位置的混合控制是不可行的,而一般使用位置、力反馈和视觉融合的控制来进行抓取或装配工作。多传感器信息融合装配系统由末端执行器、CCD视觉传感器和超声波传感器、柔顺腕力传感器及相应的信号处理单元等构成。CCD视觉传感器安装在末端执行器上,构成手眼视觉;超声波传感器的接收和发送探头也固定在机器人末端执行器上,由CCD视觉传感器获取待识别和抓取物体的二维图像,并引导超声波传感器获取深度信息;柔顺腕力传感器安装于机器人的腕部。多传感器信息融合装配系统结构如图 7.1－10 所示。

图像处理主要完成对物体外形的准确描述,包括图像边缘提取、周线跟踪、特征点提取、曲线分割及分段匹配、图形描述与识别。CCD视觉传感器获取的物体图像经处理后,可提取对象的某些特征,如物体的形心坐标、面积、曲率、边缘、角点及短轴方向等,根据这些特征信息,可得到对物体形状的基本描述。

由于CCD视觉传感器获取的图像不能反映工件的深度信息,因此对于二维图形相同、仅高度略有差异的工件,只用视觉信息不能正确识别。在图像处理的基础上,由视觉信息引导超声波传感器对待测点的深度进行测量,获取物体的深度(高度)信息,或沿工件的待测面移动,用超声波传感器不断采集距离信息,扫描得到距离曲线,根据距离曲线分析出工件的边缘或外形。计算机将视觉信息和深度信息融合推断后,进行图像匹配、识别,并控制机械手以合适的位姿准确地抓取物体。

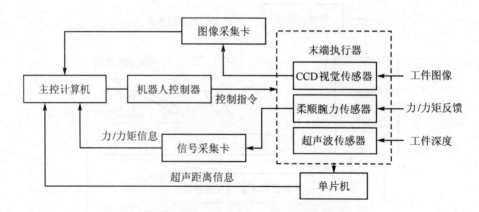

图 7.1-10　多传感器信息融合装配系统结构

安装在机器人末端执行器上的超声波传感器由发射和接收探头构成,根据声波反射的原理,检测由待测点反射回的声波信号,经处理后得到工件的深度信息。为了提高检测精度,在接收单元电路中,采用可变阈值检测、峰值检测、温度补偿和相位补偿等技术,可获得较高的检测精度。

腕力传感器测试末端执行器所受力/力矩的大小和方向,从而确定末端执行器的运动方向。

四、任务拓展

工业机器人中,多传感器融合技术不仅在装配系统中有广泛的应用,在焊接、搬运、检测中除采用传统的位置、速度、加速度等传感器外,装配、焊接机器人还应用了视觉、力觉等传感器。

在恶劣工作环境或威胁工作场合,工业机器人可以代替人进行作业,减少对人的伤害。例如,核电站蒸汽发生器检测机器人可在有核污染并危及生命的环境下代替人进行作业;爬壁机器人适合超高层建筑外墙的喷涂、检查、修理工作;而容器内操作装置 IVHU(In Vessel Handling Unit)可在人无法到达的狭小空间内完成检查任务。大多数工业机器人主要集中在生产自动化领域,除装配机器人外,还有以下几种典型应用。

① 焊接机器人。汽车工业广泛应用焊接机器人进行承重大梁和车身结构的焊接。弧焊机器人有 6 个自由度,其中 3 个自由度用来控制焊具跟随焊缝的空间轨迹,另 3 个自由度保持焊具与工件表面正确的姿态关系,因此能保证复杂空间结构件上焊接点位置和数量的正确性。

② 材料搬运机器人。此类机器人用来上下料、码垛、卸货以及抓取零件重新定向等作业。一个简单的抓放作业机器人只需较少的自由度;一个给零件定向作业的机器人要求具有更多的自由度,增加其灵巧性。

③ 检测机器人。零件制造过程中的检测以及成品检测都是保证产品质量的关键问题。检测机器人主要用于确认零件尺寸是否在允许的公差内及零件质量控制上的分类等。

项目七 机器人传感系统分析

材料搬运机器人和焊接机器人的传感系统是怎样的？搜索有关知识进行了解吧？

五、任务小结

本任务主要针对工业机器人在装配系统中的位姿传感器、柔性腕力传感器、工件识别传感器、机器视觉传感器等多传感器融合技术的应用进行了详细介绍，并介绍了多传感器融合技术在搬运、焊接、喷漆中的应用。

任务二　机器人导航系统

一、任务提出

导航与定位是移动机器人研究的两个重要问题。根据环境信息的完整程度、导航指示信号类型、导航地域等因素的不同，移动机器人的导航方式可分为电磁导航、惯性导航、地图模型导航、路标导航、视觉导航、味觉导航、声音导航、GPS 导航等。

本任务是对几种导航机器人的导航系统进行了解。

你认为导航机器人应该实现的功能是什么？你所了解的导航机器人有哪些，在什么领域有所应用？

二、任务信息

1. 机器人导航模式

(1) 地图模型导航

地图模型导航是在机器人内部存有关于环境的完整信息,并在预先规划出的一条全局路线的基础上,采用路径跟踪和避障技术,实现机器人导航。当机器人对周围环境并不完全了解时,则可采用基于路标的导航策略,也就是将环境中具有明显特征的景物存储在机器人内部,机器人通过对路标的探测来确定自己的位置,并将全局路线分解成路标与路标之间的片断,再通过一连串的路标探测和路标制导来完成导航任务;在环境信息完全未知的情况下,可通过传感器对周围环境的探测来实现机器人导航;在相对规整的环境中,还可以在路面或路边画出一条明显的路径标志线,机器人在行走的过程中不断地对标志线进行探测并调整行进路线与标志线的偏差,当遇到障碍时或停下等待,或绕开障碍,避障后再根据标志线的指引回到原来的路线上,最终在标志线的指引下到达指定的目的地。

(2) 视觉导航

视觉导航方式中,目前国内外应用最多的还是采用在机器人上安装车载摄像机的基于局部视觉的导航方式,如 D.L.Boley 等研制的移动机器人。利用车载摄像机和较少的传感器通过识别路标进行导航,比直接采用卡尔曼滤波器获得了更好的实时性,并有效抑制了噪声。Aohya 等利用车载摄像机和超声波传感器研究了基于视觉导航系统中的避碰问题。C.Fermuller 等的研究表明,利用车载摄像机将机器人的三维运动描述和景物的形状描述用于解决机器人的导航问题,具有较高的可靠性。采用局部视觉这种导航系统,所有计算设备和传感器都装载在机器人车体上,图像识别、路径规划等高层决策都由车载计算机完成,信息处理量大,实时性有待提高。

(3) 惯性导航

惯性定位是在移动机器人的车轮上装有光电编码器,通过对车轮转动的记录来粗略地确定位置和姿态,或对角速率陀螺和加速度传感器的检测信号进行积分获得位置和姿态。该方法简单,但缺点是存在累积误差。

(4) 路标导航

在移动机器人工作的环境里,人为地设置一些已知坐标的路标,通过对路标的探测来确定自身的位置和姿态,可获得较高的计算精度且计算量小。

(5) 声音导航

声音导航用于物体超出视野之外或光线很暗时,视觉导航和定位失效的情况下。基于声音的无方向性和时间分辨率高等优点,采用最大似然法、时空梯度法和 MUSIC 法等方法实现机器人的定位。

(6) 电磁导航

电磁导航也称为地下埋线导航,是在路径上连续埋设多条引导电缆,分别流过不同频率的电流,通过感应线圈对电流的检测来感知路径信息。

(7) 味觉导航

味觉导航是指机器人通过化学传感器感知气味,根据气味浓度和气流方向来控制机器人的运动。气味传感器具有灵敏度高、响应速度快以及鲁棒性好等优点。目前的味觉导航实验多采用在机器人的起始点与目标点之间使用特殊的化学药品引出一条无碰气味路径,这种导航方式有很好的实用价值,如用于搜寻空气污染源和化学药品泄漏源等。

(8) GPS 导航

图 7.2-1 所示为 GPS 导航原理,两根天线相对于 GPS 卫星的距离差 $\Delta \rho_{12}^{j}$ 可以通过测量每根天线到卫星的载波相位值计算得到。机器人上安装了 3 根或更多的天线后,通过测量各自到多个 GPS 卫星的精确载波相位值,在正确解出整周模糊度的前提下,便可以得到 2 根或更多仅有毫米级误差的基线(任两根天线组成)的精确空间矢量解,从而实时估计机器人的姿态。

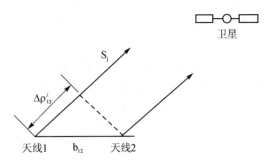

图 7.2-1 GPS 导航原理

2. 提高导航传感器精度的方法

基于多传感器数据融合技术的导航方法在移动机器人中得到广泛应用,使探测到的环境信息具有冗余性、互补性、实时性和低成本的特点,同时还可以避免摄像机系统中巨大的数据处理量。近年来,用于多传感器数融合的计算智能方法主要包括模糊集合理论、神经网络、粗集理论、小波分析理论和支持向量机等。

(1) 模糊逻辑

模糊逻辑和模糊语言已经用于移动机器人的导航算法,提出了基于实时导航控制器的模糊逻辑。采用模糊逻辑的自主移动机器人可以避开所有静态和动态障碍,从指定点到达目标位置。采用模糊逻辑,能够分离图像中的边界像素,获取物体轮廓。模糊推理在导航中的应用,主要在于基于行为的导航。传感器数据用模糊逻辑进行融合后,可以确定是否激发低层行为,然后再利用模糊推理对存在冲突的低层行为进行优先权判别,从而决定实际操作,目前已经实现了图像边缘提取、实时滚动路径规划及控制。

模糊逻辑推理则侧重于模糊规则的选取,但有些规则很难进行形式化描述,或者必须用大量的规则描述而增大运算量,背离了模糊逻辑应用的初衷。因此,近年来将神经网络与模糊逻辑结合起来的模糊神经网开始应用到自主导航研究中。模糊神经网提供了一种推理方法,能够把模糊理论所具有的较强的推理能力与神经网所具有的自学习、自适应、容错性和并行性相结合。模糊神经网所遇到的困难在于一个复杂的系统往往需要大量的模糊语言规则描述,从而造成模糊神经网的复杂性较大。

(2) 人工神经网络

在自主移动机器人采用传感器避障的情况下,系统要解决机器人躲避实时动态障碍碰撞问题。由于系统是一个实时系统,因此,既要求对所有的移动目标进行动态分析,并根据动态的碰撞态势,及时给出控制器一个或多个避障方案,同时要求保证避碰行动前后的一致性与连贯性。在依次避让障碍后,系统及时给出复航的提示。而采用遗传算法或建立避障专家系统,将避障专家系统与导航系统合并,可构成一个自主移动机器人智能避障系统。机器人能理解形式与事件,在上述理解的基础上自主做出决策,并根据决策自主完成避障运动。首先,接受控制器发来的碰撞情况信息,确定碰撞优先级,决定主目标。然后,对机器人进行避障推理及碰撞情况分析,部分完成机器人碰撞局面的分析、判断,每一障碍的运动参数、计算和危险度的分析计算以及机器人避让多目标的选取,推理部分以避碰规则库为基础,根据碰撞情况分析的结果建立动态事实库,由推理机给出当前碰撞局面应采取的避碰方案;方案优化部分根据不同的约束条件,判断当前的方案是否可行。方案执行后,系统将在下一个运动关系下进行新的碰撞情况分析和推理。

神经网络是人工智能的一个重要分支,由于神经网络是一个高度并行的分布式系统,所以可用来完成对视觉系统探测到的图像进行快速处理,充分利用其非线性处理能力达到环境及路标辨识的目的。它还具有一定的容错能力,并且对学习中未遇到的情况也能进行一定的处理。另外,基于环境拓扑结构组织的网络在给出目标后,可以通过网络能量函数的收敛得到一条最优路径。

三、 任务完成

以下为几种典型移动机器人导航传感系统。

1. Hilare 移动机器人

Hilare 移动机器人是用多传感器信息形成未知环境实物模型的移动机器人,它将触觉、听觉、二维视觉、激光测距等传感器结合起来,得到环境中物体的分布和相对于机器人的定位。它使用声音和视觉传感器建立并分割为定位层次的图表,视觉得到环境中不同区域的近似三维表示,激光测距获得物体更精确的范围。使用三种不同的方法实现机器人的精确定位,即使用标记的绝对位置定位、无外部坐标的轨迹集成和参照环境的相对位置定位。

不同传感器产生的信息经过集成提供已知物体的位置和相对于机器人的定位,根据物体的特征和与机器人的距离,选择恰当的冗余传感器测量物体。采用高斯分布方法对每个传感器的不确定性进行建模,如果所有传感器测量的标准偏差具有相同的幅度,加权平均值作为物体顶点的融合估计;如果上述条件不满足,使用具有最小标准偏差的传感器测量,在相应顶点之间距离加权和的模型中找到一个物体,物体的估计顶点匹配到环境模型的已知区域。

2. VaMoRs–P 移动机器人

VaMoRs–P 系统由德国联邦国防大学和奔驰汽车公司于 20 世纪 90 年代初期制成,车体采用奔驰500轿车。传感器系统包括4个小型彩色CCD摄像机,构成2组主动式双目视觉系统;3个惯性线性加速度计和角度变化传感器;测速表及发动机状态测量仪。执行机构包括方向力矩电机、电子油门和液压制动器等。计算机系统由基于Transputer的并行处理单元和两台PC-486组成,Transputer并行处理单元由大约60个Transputer构成,用于图像特征抽取、物体识别、对象状态估计、行为决策、控制计算、方向控制和信息通信、I/O操作、数据库操作、图形显示。2台PC-486主要用于软件开发和人机交互、数据登录等。

3. Navlab-5移动机器人

Carnegie Mellon大学机器人中心研制的Navlab-5移动机器人如图7.2-2所示,能实现多传感器信息集成与融合。Navlab-5的传感系统包括以下几部分。

图7.2-2 Navlab-5移动机器人

(1) 视觉系统传感器

视觉系统传感器为一台SonyDXC151A彩色摄像机,配PelcoTV8ES1自动光圈手动聚焦镜头,可供RGB以及NTSC视频输出。经Datacell视频数字转换仪,将图像送到驾驶台仪表盘上的一台SonyFDLX600彩色液晶监视器显示。摄像机的安装位置取决于所使用的软件系统,可根据需要在视镜支座及车体侧面玻璃两个不同的位置加以选择。

(2) 差分GPS系统

选用TrimbleSVeeSix-CM2型6通道GPS接收机,在无SA影响时定位精度为25m,速度精度为0.1m/s。差分基准站使用MotorolaCollect调制解调器,通过蜂窝电话数据链提供RTCM104标准格式的差分校正,其定位精度可提高到2~5m。

(3) 陀螺仪

陀螺仪为Andrew公司生产的具有数字输出的光纤阻尼陀螺,旋转率的测量范围为$0.02°/s\sim100°/s$。陀螺仪的漂移补偿可达$18°/h$,以9 600波特率10Hz的频率输出到便携机处理。辅助定位传感器包括安装在转向轮处的光码盘。

综合上述定位传感器的输出可产生车体的局部(X,Y,方位)和全局(经度,纬度)的定位信息,以及车体速度、已行驶的距离和转弯半径等数据。

四、任务拓展

国内移动机器人传感系统列举如下几种。

1. CLIMBER 移动机器人传感系统

CLIMBER 移动机器人如图 7.2-3 所示,是中国科学院沈阳自动化研究所研制的基于非结构环境的移动机器人,可以在高低不平、有障碍物及楼梯等复杂多变的环境中使用。这种机器人的移动机构由轮、腿、履带复合构成,它具有翻越障碍和楼梯、跨越壕沟、在倾斜面上行走、倾倒自行复位的功能。

CLIMBER 移动机器人具有轮式移动(平地和较平地时使用)、履带式移动(不平地和上下坡时使用)及轮腿履带复合移动(上下楼梯和跨越障碍)等运动方式,在计算机系统控制下,实现自动避碰、自寻道路和目标、上下楼梯和过程中自动调偏及轮、履带两种移动方式自动切换等功能,并可通过语音实现遥控。

CLIMBER 移动机器人的传感系统包括环绕在车体四周的 11 个超声传感器、7 个红外传感器、1 个摄像头及 1 个电子罗盘。超声和红外

图 7.2-3 CLIMBER 移动机器人

传感器用于采集车体附近的障碍物距离信息,经过滤波、归一化处理后作为避障算法的输入;摄像头具有大范围的俯仰和侧摆能力,用于机器人自身寻找、定位目标;电子罗盘用于感知机器人的航向和位姿。机器人主控计算机为一个 PC104 计算机,另有一台 PC104 计算机负责传感器信息的采集处理。

2. THMR-V 机器人传感系统

清华大学智能技术与系统国家重点实验室与国防科技大学、南京理工大学、浙江大学、北京理工大学等院校合作开发了多功能室外智能移动机器人实验平台 CV。目前 THMR-V 已经具备了以下功能:

① 校园道路网环境中的低速、中速全自主行驶;
② 校园道路网环境中的临场感遥控驾驶;
③ 高速公路车道分界线的快速视觉检测;
④ 高速公路环境中的部分辅助驾驶工作;
⑤ 校园道路网环境中的侦察等。

THMR-V 继承了 THMR-Ⅲ中的一些成熟的关键技术,如光码盘电磁罗盘组合定位、差分 GPS(全球定位系统)定位 DGPS、路径跟踪技术、车体控制技术等,并且对整个车体的体系结构和系统集成方式作了改进与完善,增添了临场感遥控驾驶、侦察、高速公路中的自主驾驶和辅助驾驶等功能,以及相应的软、硬件模块。图 7.2-4 所示为 THMR-V 的传感系统,与 THMR-Ⅲ相比,THMR-V 不仅将 THMR-Ⅲ中的双端口 RAM 改为 10M 以太网,将超声

传感器阵列改为激光雷达,而且增添了无线数据通信、声像采集、发射、摄像机云台控制、远/近距视觉处理等子系统。

THMR-V采用了光码盘、电磁罗盘和DGPS组合定位的方式。与其他的定位方式相比,这种组合定位方式性能价格比高,定位精度达到了1m,满足THMR-V完成各种任务的需要。

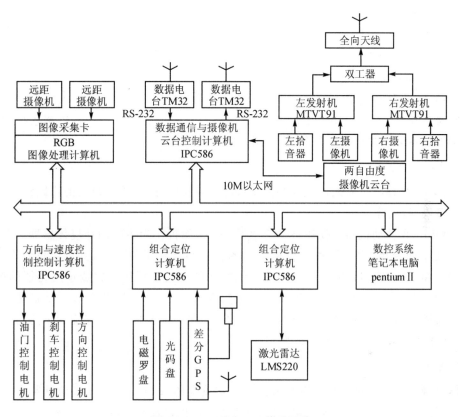

图 7.2-4　THMR-V 传感系统

THMR-V的车体控制系统可以接受两种格式的驾驶控制命令。自主行驶时,接受监控系统发出的"速度/停车/驾驶角"命令;遥控驾驶时,接受指挥站发出的"油门/刹车/驾驶角"命令。THMR-V通过一块C3步进电机驱动卡驱动3个电机,分别控制油门踏板、刹车踏板和方向盘,控制周期为20ms,保证了THMR-V的机动性和控制精度要求。

THMR-V通过无线数据通信计算机与临场感遥控驾驶系统的指挥站交互信息,信息的传输是经由两条4800bps的无线数据通信链路实现的。无线数据通信计算机还负责车载摄像机云台的控制,使云台随着临场感遥控系统指挥站操作员的头部同步转动。云台上安装了两台同型号、同参数的摄像机,摄像机摄取的视频信号与安装在车体左右两边的拾音器采集的音频信号输入到两个电视信号发射机,再经过双工器合成后由全向天线发出。

THMR-V的体系结构是一种柔性的体系结构,不同的子系统的组合以及车体控制系统的两套驾驶命令接收接口使THMR-V不需改变软硬件系统就能方便地完成多种任务。

3. CITAVT-Ⅳ移动机器人传感系统

国防科技大学自动化研究所研制的 CITAVT-Ⅳ移动机器人由 BJ2020SG 吉普车改装而成,空载最高设计时速为 110km/h,有四挡手动变速箱。CITAVT-Ⅳ移动机器人具有以下功能:

① 人工驾驶;

② 遥控驾驶;

③ 非结构化道路上的低速自主驾驶;

④ 结构化道路上的自主驾驶。

CITAVT-Ⅳ移动机器人的传感系统分为三部分,为了完成自主移动,CITAVT-Ⅳ采用外部传感器感知外部环境,同时采用内部传感器检测自身的运动状态。各传感系统的采集数据由数据处理系统来融合产生命令,并控制各执行机构的执行动作。

(1) 外部传感器

CITAVT-Ⅳ移动机器人通过外部传感器感知环境信息,即正在行驶的道路情况,包括道路、车辆、障碍、行人等。

CITAVT-Ⅳ移动机器人使用被动传感器——摄像机作为主要的环境传感器。在车顶前方分别安装了两台摄像机,其中一台摄像机的视中心点在车前 15m,其主要负责车前 10~45m 内的道路感知,感知结果送给一台流水线结构的视觉处理机来完成道路特征的提取,处理速度为 40~80ms/帧,处理结果用来控制车的方向;另外一台摄像机则主要完成车前 30m 以内的道路情况的感知,感知结果交由一台 PebtiumⅢ 533MHz 控机来完成道路特征和障碍的提取,处理结果用来规划车速和改变车的工作状态。

(2) 内部传感器

车体自身状态信息对于车的控制来说是非常重要的,CITAVT-Ⅳ移动机器人的自身状态感知主要由里程仪、激光陀螺导航平台、磁敏感转速仪以及几个电位计组成。

① 里程仪。安装在车体左右后轮上的两个由光码盘组成的里程仪完成车的相对定位,同时与激光陀螺导航平台结合完成车体的绝对定位。其输出直接通过计数器送给处理机。

② 激光陀螺导航平台。激光陀螺导航平台准确提供车体的方位角,其输出频率为 25Hz,通过 RS232 串口传输到处理机。

③ 磁敏感转速仪。磁敏感转速仪输出脉冲信号,脉冲经过频压转换后由 A/D 转换器输入处理机,控制发动机转速。其中脉冲信号的频率与磁电式传感器中旋转触发齿轮盘的转速和齿轮数成正比。

④ 电位计。电位计用于测量各执行机构的状态,反馈信号经由 A/D 转换器进入处理机,以供处理机参考。

(3) 数据处理子系统

作为 CITAVT-Ⅳ移动机器人系统的核心,数据处理系统收集各环境传感器及自身状态传感器的信号,完成环境重构,进而产生自主车的控制命令,并控制监督各执行机构完成相应的动作。图 7.2-5 所示为 CITAVT-Ⅳ移动机器人的信息处理过程。

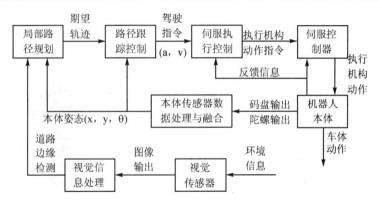

图 7.2-5　CITAVT-Ⅳ 移动机器人的信息处理过程

4. 赛佰特 CBT-RobotCar-Ⅱ

赛佰特 CBT-RobotCar-Ⅱ是专门面向移动机器人设计、车辆控制研究和系统应用集成的实验开发平台(见图 7.2-6)。其采用四轮差速驱动方式,使用 4 个直流减速电机作为动力,移动灵活,转弯半径可以从零至无限大,适应性较强;体积小,外形美观,是基于机械、力学与电子工艺的完美结合,接口齐全,应用灵活;以 32 位 ARM 处理器为核心控制器,采用层次化设计方案,标准通讯接口,可以灵活选配上层应用平台;多种通讯控制方式,可组建网络群体式车辆系统;支持 ZigBee、WiFi、蓝牙等多种控制技术;集成超声波测距避障、红外巡线、电磁巡线、干簧管、摄像头等多种传感器用于车辆感知与控制;集成高频 RFID 读写卡器,可用于车辆定位与导航。

图 7.2-6　赛佰特 CBT-RobotCar-Ⅱ

想想看

将移动机器人应用到智能家居中,你觉得机器人应设计哪些功能用于导航,各可以通过哪些传感系统实现功能?

五、任务小结

本任务介绍了机器人导航的几种方式，如视觉导航、声音导航、GPS 导航、惯性导航，详细介绍了 Hilare 移动机器人、VaMoRs-P 移动机器人、Navlab-5 移动机器人、CBT-RobotCar-II 等多种国内外移动机器人导航系统。

任务三 机器人手爪传感系统

一、任务提出

机器人手爪是机器人执行精巧和复杂任务的重要部分，机器人为了能够在存在着不确定性的环境下进行灵巧的操作，其手爪必须具有很强的感知能力，手爪通过传感器来获得环境的信息，以实现快速、准确、柔顺地触摸、抓取、操作工件或装配件等。

本任务是对几种典型的机械手爪进行认识分析。

你知道哪些类型的机器人手爪，在哪些地方有所应用？如果机器人手爪要像人手一样灵活，你觉得哪些传感器是非常有必要加进手爪设计的？

二、任务信息

图 7.3-1 所示为配置多种传感器的机器人手爪，其中图 7.3-1(a) 所示为东芝机械手爪，可以优雅地拿起一枝花；图 7.3-1(b) 所示为 Stanford/JPL 机器人手爪，配置有仿生触觉传感器；图 7.3-1(c) 所示为意大利热那亚大学开发的 DIST 手爪；图 7.3-1(d) 所示为意大利博洛尼亚大学开发的 UB 手爪。一般机器人手爪配置的传感器主要包括视觉传感器、接近觉传感器、力/力矩传感器、位置/姿态传感器、速度/加速度传感器、温度传感器及触觉/滑觉传感器等。

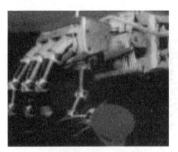
(a) 东芝机器人手爪

(b) Stanford/JPL机器人手爪

(c) DIST机器人手爪

(d) UB机器人手爪

图 7.3-1　配置多种传感器的机器人手爪

1. 视觉传感器

固体图像传感器是现代视觉信息获取的一种基础器件,它能实现信息的获取、转换和视觉功能的扩展(光谱拓宽、灵敏度范围扩大),并能给出直观、真实、层次多、内容丰富的可视图像信息,因而得到了广泛的应用。目前固体图像传感器主要有三种类型:第一种是电荷耦合器件(CCD);第二种是 MOS 图像传感器,又称为自扫描光电二极管阵列(SSPA);第三种是电荷注入器件(CID)。其中前两种类型用得较多。

1) **CCD 摄像机**

CCD(ChargeCoupleDevice)是一种 MOS(金属氧化物半导体)结构的新型器件。它具有光电转换、信号存储和信号传输(自扫描)的功能,是最有发展前途的固体图像传感器。同摄像管相比,电荷耦合器件 CCD 具有尺寸小、工作电压低(DC7~9V)、寿命长、坚固耐冲击、信息处理容易和弱光下灵敏度高等特点,在工业检测和机器人视觉中得到广泛应用。CCD 主要有线型 CCD 和面型 CCD 两种类型。

2) **三维固体图像传感器**

目前,由于传感器智能化和集成化的要求,使得固体图像传感器有三维集成的发展趋势,例如在同一硅片上,用超大规模集成电路工艺制作三维结构的智能传感器,图 7.3-2 所示为这种三维结构集成的智能传感器的一种形式。它是将敏感元件、信号变换、运算、记忆和传输功能部件分别分层集成在一块半导体硅片上,构成三维智能图像传感器。

三维集成智能图像传感器的结构如图 7.3-3 所示,用以提取待测物体的轮廓。它的第一层为光电转换面阵,由第一层输出的信号并行进入第二层电流型 MOS 模拟信号调理电路,再

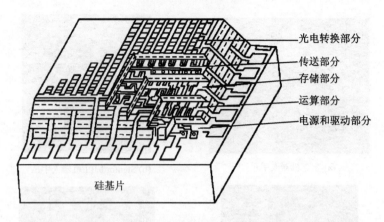

图 7.3-2 三维结构集成的智能传感器

由第二层经电路调理输出的模拟信号进入第三层,转换成二进制数并存储在存储器中,与第三层相连的是信号读出(放大)单元,它通过地址译码读取存储器中的信号信息。

该传感器采用新颖的并行信号传送及处理技术,第一层到第二层以及第二层到第三层均采用并行信号传送,提高了信号处理速度,可以实现高速的图像信息处理。当然,这种信号并行传送要求第二层和第三层电路也排成相应的面阵形式。该图像传感器的面阵为 500×500 的像元矩阵,每个像元相应的电路需要 79 个晶体管,故整个图像传感器大约包含 2×10^7 个晶体管,从超大规模集成电路的角度看,实现这个三维集成的图像传感器是可行的。

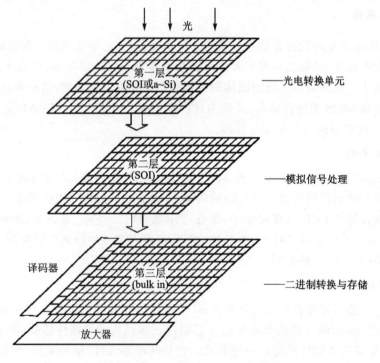

图 7.3-3 三维集成智能图像传感器

2. 数字信号处理器(DSP)

数字信号处理器(DSP)是专门针对数字信号处理而设计的处理器,其内部采用哈佛结构,利用专用硬件来实现一些数字信号处理中的常用算法,所以进行这些运算的速度非常快。例如,当流水线满的时候,乘加(MAC)运算只需要一个时钟周期就可完成。随着需求的增大,DSP 的发展非常迅速,如 TI 公司的 TMS320 系列,从 C2X 到 C6X,无论定点还是浮点,功能都在不断完善。现在许多高端工作站为了提高系统性能都增加了 DSP 模块,采用 DSP 作为协处理器。但是,DSP 仅仅是对某些固定的运算提供硬件优化,它的内部仍然是单指令的执行系统,并且这些固定优化运算并不能够满足众多算法的需要,因此使系统的灵活性受到了限制。

(1) 智能视频摄像机

图 7.3-4 所示为具有数据流程处理的智能摄像机,这种系统能在它的图像处理单元中直接处理一个来自于单一图像传感器的视频信号,该单元由 4 个图像流水线处理器(ImPP)组成,系统能计算在摄像机视场范围内运动目标的位置。

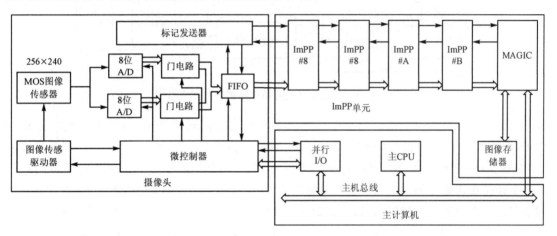

图 7.3-4 具有数据流程处理的智能摄像机

摄像头配备有一个 MOS 区域图像传感器,这种区域传感器能在其矩形子区域内任意位置以任意分辨率和大小进行扫描,这种机制可在没有实际摄像机运动的情况下实现定点摄像,在不对处理器施加额外负担和数据传输通道的情况下观察感兴趣的重点区域。

智能视频摄像机能在同一时间获取两个图像区域:一个分配给上述重点区域,另一个分配给整体浏览区,以相对粗略分辨率下的整个视场扫描来探测移动目标。这两种图像随后被一起放在同一个标记场中并且构成图像流水线处理器(ImPP)的数据。从这两个通道中来的数据通过先进先出(FIFO)缓冲器被送到第一个 ImPP 处理器,FIFO 作为摄像机和处理器之间的缓冲器。

摄像头中的微控制器控制上述的复杂的扫描顺序。这种处理单元由 4 个 ImPP、1 个 ImPP 支持的大规模集成电路单元 MAGIC 和一个局域图像存储器组成。存储器用来存储在 CRT 上显示帧存储的结果,这种系统能探测摄像机视场中的活动目标位置并同时凝视、浏览两个区域。通过在处理器中加载其他程序,该系统还能用于光滑滤波器或者二阶图像再生滤波器来输入图像。

该芯片是基于数据流结构的 ImPP。主要处理回路(流水线环路)由一个连接表、一个功能表、地址发生器和流动控制器(AG 和 FC)、数据存储器、一个编队和一个处理单元组成。它能在每一个流水线循环路径中经过输入控制器获得标记数据,然后在下一个循环中数据再经过连接表。在数次围绕流水线环路的循环中,输入数据通过处理单元被处理,计算结果通过输出控制器送到输出总线,输出数据也是被标记的,因此能被另一个 ImPP 直接接受并层叠传至输出总线。

(2) 具有凝视控制机理的图像处理摄像机

该系统能根据实时图像处理的结果控制凝视方向,整个系统如图 7.3 - 5 所示。

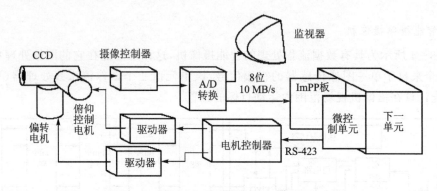

图 7.3 - 5 具有凝视控制机理的图像处理摄像机

摄像头的凝视方向能通过两个电机在水平和垂直方向转动调节,摄像机为机首分离的 CCD 黑白摄像机,视频输出被转换为 8 位数字量并以每 100ns 大于 1 个像素的速率送给 ImPP 板。ImPP 板有 4 个处理通道,每个通道由 4 个 ImPP 组成,输入数据目标通道的组合由一个存储在掩膜存储器中的 4 位字数据选择,数据的每一位与一个通道相对应,图像的一个像素与每一个掩膜数据相配合,这样对于 4 个处理通道能够进行任意的区域划分和选择。

例如,为实现时空滤波以识别所测物体是否在移动,时域滤波分配给两个通道,空间域滤波分配给另一个通道。另一例子是从图像模式的灰度值计算速度场,输入图像被分为 16 个条纹,每个条纹 15 个像素宽,每 4 个条纹为一组,分别送到 4 个通道,滤波的图像或速率分布被传送到每个图像存储器(IM)中,IM 总是异步对 MAGIC 和局域总线进行访问,主计算机通过图像存储共享获取滤波结果,计算机能指示电机控制器移动摄像头对准目标。

3. 力/力矩传感器

力觉是指对机器人的指、肢和关节等运动中所受力的感知,主要包括腕力觉、关节力觉和支座力觉等,根据被测对象的负载,可以把力传感器分为测力传感器(单轴力传感器)、力矩表(单轴力矩传感器)、手指传感器(检测机器人手指作用力的超小型单轴力传感器)和六轴力觉传感器等。

4. 压电传感器

常用的压电晶体有石英晶体,它受到压力后会产生一定的电信号。石英晶体输出的电信号强弱是由它所受到的压力值决定的,通过检测这些电信号的强弱,能够检测出被测物体所受到的力。压电式力传感器不但可以测量物体受到的压力,也可以测量拉力。在测量拉力时,需要给压电晶体一定的预紧力。由于压电晶体不能承受过大的应变,所以它的测量范围较小。

在机器人应用中,一般不会出现过大的力,因此,采用压电式力传感器比较适合。压电式传感器安装时,与传感器表面接触的零件应具有良好的平行度和较低的表面粗糙度,其硬度也应低于传感器接触表面的硬度,保证预紧力垂直于传感器表面,使石英晶体上产生均匀的分布压力。图7.3-6所示为一种三分力压电传感器。它由三对石英晶片组成,能够同时测量三个方向的作用力。其中上、下两对晶片利用晶体的剪切效应,分别测量 x 方向和 y 方向的作用力;中间一对晶片利用晶体的纵向压电效应,测量 z 方向的作用力。

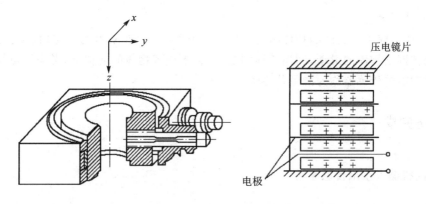

图 7.3-6　三分力压电传感器

5. 光纤压觉传感器

图 7.3-7 所示的光纤压力传感器阵列单元基于全内反射破坏原理,是实现光强度调制的高灵敏度光纤传感器。发送光纤与接收光纤由一个直角棱镜连接,棱镜斜面与位移膜片之间气隙约 $0.3\mu m$。在膜片的下表面镀有光吸收层,膜片受压力向下移动时,棱镜斜面与光吸收层间的气隙发生改变,从而引起棱镜界面内全内反射的局部破坏,使部分光离开上界面进入吸收层并被吸收,因而接收光纤中的光强相应发生变化。光吸收层可选用玻璃材料或可塑性好的有机硅橡胶,采用镀膜方法制作。

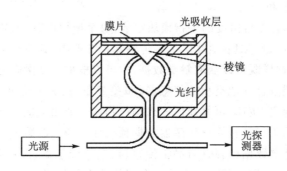

图 7.3-7　光纤压力传感器单元

当膜片受压时,便产生弯曲变形,对于周边固定的膜片,在小挠度时($W \leqslant 0.5t$),膜片中心挠度按下式计算,即

$$W = \frac{3(1-\mu^2)a^4 p}{16Et^3} \tag{7.3-1}$$

式中：W——膜片中心挠度，mm；

E——弹性模量；

t——膜片厚度，mm；

μ——泊松比；

p——压力，Pa；

a——膜片有效半径，mm。

上式表明，在小载荷条件下，膜片中心位移与所受压力成正比。

6. 滑觉传感器

机器人在抓取未知属性的物体时，其自身应能确定最佳握紧力的给定值。当握紧力不够时，要检测被握紧物体的滑动，利用该检测信号，在不损害物体的前提下，考虑最可靠的夹持方法，实现此功能的传感器称为滑觉传感器。

三、任务完成

1. 美国机器人手爪传感系统

（1）Utah/MIT 灵巧手传感器

20世纪80年代中期研制的 Utah/MIT 灵巧手如图 7.3-8 所示，其外形与人手更接近。

Utah/MIT 手包括 4 个 4 自由度的手指，其几何尺寸和人手相近。拇指和其他手指的相对位置固定，指节的长度和关节的位置设计满足腱的方便布置。Utah/MIT 手的 16 个自由度以反向腱对的方式进行驱动，驱动系统由 32 个独立的聚合绳索和气压驱动器组成。

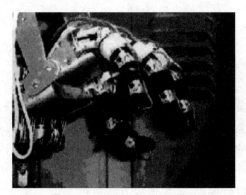

图 7.3-8　Utah/MIT 灵巧手

Utah/MIT 手由 4 个具有 4 自由度的手指模块组成，每个模块由腱、滑轮传动系统驱动。

图 7.3-8 所示为 Utah/MIT 柔性手爪多传感器系统框图，其中触觉传感器与控制器之间的数据通道是双向的，这样既可以获取触觉数据，也可以根据数据融合方法对触觉传感器进行选配。触觉传感器必须融合其他类型的传感器，如关节姿态、关节速度、关节力/力矩、接近觉及视觉等传感器才能稳定、快速、可靠地抓捏或操作物体。如图 7.3-9 所示，传感系统信息处理依次为传感器数据的采集及转换→传感器数据预处理→传感器数据的多路传输→触觉传感器数据选择→触觉传感器数据解释→对触觉传感器、视觉传感器、接近觉传感器、关节力矩传感器、关节角度传感器的数据进行多传感器融合→构造全局模型结构→机器人手爪控制器控制完成相应的操作。

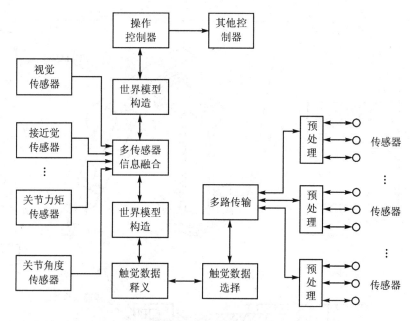

图 7.3-9 Utah/MIT 柔性手爪多传感器系统框图

(2) 多传感器集成手爪系统

美国的 Luo 和 Lin 在由 PUMA560 机器手臂控制的夹持型手爪的基础上提出了视觉、眼在手上视觉、接近觉、触觉、位置、力/力矩及滑觉等多传感器信息集成手爪。机器人手爪配置多个传感器,感知的信息中存在着内在的联系。如果对不同传感器采用单独孤立的处理方式将割断信息之间的内在联系,丢失信息有机组合后蕴含的信息;同时凭单个传感器的信息判断而得出的决策可能是不全面的。因此,采用多传感器信息融合方法是提高机器人操作能力和保持其安全的一条有效途径。

Luo 和 Lin 开发的多传感器集成手爪系统如图 7.3-10 所示,系统获取信息的四个阶段如图 7.3-11 所示。

① 远距离传感。获取远距离场景中的有用信息,包括位置、姿态、视觉纹理、颜色、形状、尺度等物体特征信息和环境温度及辐射水平。为了完成这一任务,系统包含有温度传感器和全局视觉传感器及距离传感器等。

② 近距离传感。近距离传感将进一步完成位置、姿态、颜色、辐射、视觉纹理信息的测量,以便更新第一阶段的同类信息。系统包含有各种接近觉传感器、视觉传感器、角度编码器等。

③ 接触传感。在距离物体十分近时,上面所述的传感器无法使用。此时可以通过触觉传感器来获取物体的位置和姿态信息以便进一步证实第二阶段信息的准确性,通过接触传感可以得到更精确更详细的物体特征信息。

④ 控制与操作。系统一直在不断地获取操作物体所需的全部信息,系统模块包括数据获取单元、知识库单元(机器人数据库、传感器数据库)、数据预处理单元、补偿单元、数据处理单元、决策和执行任务单元(力/力矩、滑动、物体质量等)。

(3) 手爪信息融合

图 7.3-12 所示为多传感器手爪信息融合过程(Bayes 最佳估计),融合过程分为三步:

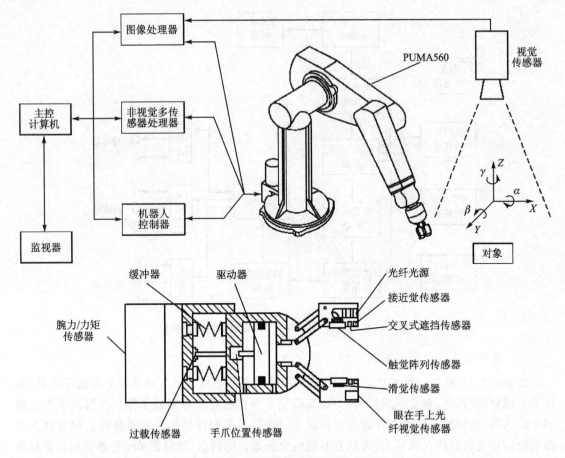

图 7.3-10 多传感器集成手爪系统

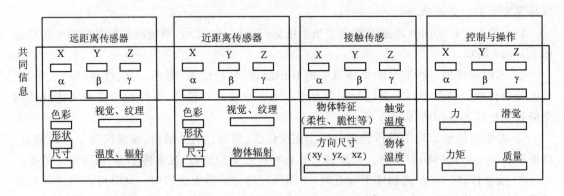

图 7.3-11 系统获取信息的四个阶段

① 采集多传感器的原始数据,并用 Fisher 模型进行局部估计;

② 对统一格式的传感器数据进行比较,发现可能存在误差的传感器,进行置信距离测试,从而建立距离矩阵和相关矩阵,得到最接近最一致的传感器数据,并用图形表示;

③ 运用贝叶斯模型进行全局估计(最佳估计),融合多传感器数据,同时对其他不确定的传感器数据进行误差检测,修正传感器的误差。

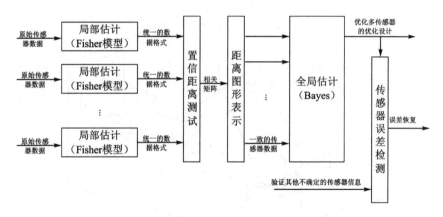

图 7.3-12　多传感器手爪信息的融合过程

2. 日本机器人手爪传感系统

(1) 多传感器智能手爪 ARH 系统

ARH 系统

ETS-Ⅶ(The Engineering Test Satellite)计划由日本宇宙开发事业集团(NASDA)承担，主要研制一种自由飞行服务系统—技术实验卫星Ⅶ型机器人，其将在太空完成燃料加注、更换电池等卫星服务工作以及目标星的捕捉和固定等任务。在无人空间设施中，由机器人来执行精巧和复杂的空间任务，是 21 世纪空间活动的必然趋势。要实现这一目标，关键技术是这些机器人必须具有精巧和灵巧手。

MITI/ERL(日本通产省及其电子技术试验室)研制开发了一种精巧的遥控操作机器人系统，带有一只 3 指多传感器手，称为"先进机器人手"(Advanced Robotic Hand, ARH)，ARH 系统如图 7.3-13 所示。多传感器智能手爪 ARH 安装在长约 40cm 的 5 自由度微型手臂的末端，手爪具有更换功能，即手爪在轨道上通过编程控制既可以与微型手臂脱开，又可以与手臂连接。实验目标物体如插头、螺栓、装配物体等安装在工作台上，工作台上有手爪锁紧装置，用以发射时固定手臂和手爪，该装置还用于手爪的更换平台。

ARH 系统是世界上第一只在轨道飞行器舱外的精密遥机器人系统，它安装在无人飞行器上并且暴露在空间环境中，严酷的空间环境意味着系统必须有足够的耐久性、可靠性和自主能力。为了能使空间机器人在轨道上完成精密复杂的作业，该智能手爪的研制基于传感器控制的局部自主，能够克服从地面到空间的时间延迟和通信能力缺乏造成的困难，手爪的感知功能和智能是提高自主的关键。

日本学者认为多自由度多指手爪缺乏机械的可靠性和实用性，并且存在着抓取稳固性和控制复杂性的问题，在空间手爪必须可靠地抓取和作业，不能出差错，在微处理器防辐射能力有限的情况下，很难可靠地控制多自由度多指手爪。从这点出发，研制了一种使用简单、可靠的机械机构，称为半灵活性(Semi dexterous) 3 指手爪——ETS-Ⅶ多传感器智能手爪。该手爪共配置 5 种传感器。

① 3 个接近觉测距传感器，安装在手爪外壳上，主要用于接近工作台控制，也用于始终面对工作台的姿态控制。

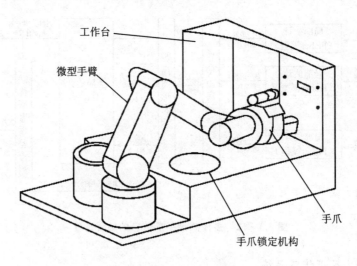

图 7.3-13　ARH 系统

② 1 个 CCD 眼在手上（Hand in eye）摄像机,主要用于目标物体的测定、微细定位及监视。

③ 1 对夹持力传感器,通过夹持力反馈控制执行 3 指抓取目标物体。一方面通过监视夹持力传感器为地面操纵者确定抓取状态提供帮助,另一方面可以准确地确定 3 个手指抓取物体接触点的位置。

④ 1 个 6 自由度力/力矩传感器,安装在微型机器人手臂的腕部,主要用于微型手臂的力控制,也用于基于任务知识库通过模型匹配技术（Pattern matching technique）监视空间任务的执行情况。

⑤ 1 个柔顺力/力矩传感器,该传感器比 6 自由度力/力矩传感器更敏感,监视微细作业的执行。该手爪包含了用于空间遥控机器人微细作业所需的传感器、机构和控制等多项技术,并使用传感器融合技术,为空间机器人在空间完成多种任务奠定了基础。将微/宏传感器、接触/非接触传感器的信息进行信息融合用于执行精密任务,这是 ARH 的特点。

（2）多传感器智能手爪 ARH 功能、测量与控制策略

图 7.3-14 所示为 ARH 的多传感器功能,图 7.3-15 所示为 ARH 基于多传感器的测量与控制策略。

① 机器人用接近距离传感器或手眼摄像机,亦或这两种传感器,来搜索目标物体。

② 用非接触传感器来确定物体的精确位置或大小。例如,用接近觉传感器来测量到任务板的距离,当 3 个传感器的距离值相等时,就可以获得垂直于任务面板的本地坐标系;接着利用手眼摄像机所获得的任务面板上标志的图像,机器人就可以设定本地坐标系,并把它作为手臂相对导航（Relativenavigation）的精密参考点。通过对手眼摄像机所获得的图像进行处理,机器人还可以分辨目标的大小。

③ 在外部摄像机或力/力矩传感器的监视下,进行手臂的相对导航。

④ 执行基于接触传感器的补偿。在抓握一个物体之前,用手指上的力传感器所获得的触点进行位置补偿;在抓取过程中,可以通过腕部的柔顺装置所测得的位移来进行手臂位置的精确调整。这样,机器人就可以在夹持力控制下紧紧地握住目标物体,并在腕力的控制下对它进

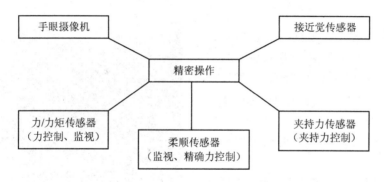

图 7.3-14 ARH 的多传感器功能

行操作。搬移物体时,机器人通过非接触感觉信息来寻找目的位置,然后只需重复上述步骤即可。

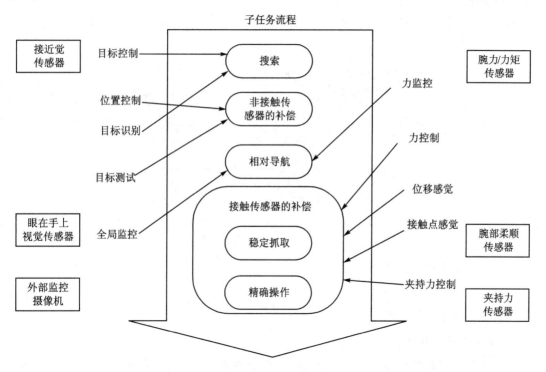

图 7.3-15 基于多传感器的测量与控制策略

3. 营救机器人手爪传感系统

(1) 营救机器人

日本东海大学的增田良助教授等研制的营救机器人如图 7.3-16 所示,传感器控制系统的五个功能模块如下。

① 机器人手臂模块。为避免伤害到人的身体,模块采用小功率的 5 自由度工业机器人,机器人臂是具有直流电机和编码器的伺服系统。

② 机器人手爪模块。手爪具有两个关节的平面型手指,用来抓住人的手臂。手爪具有自

适应抓取的功能。

③ 传感器与信号处理模块。机器人手爪系统具有三种传感器：阵列式触觉传感器、六维力/力矩传感器和滑觉传感器以及 2 个用于远距离测量和监控的 CCD 摄像机(视觉传感器)。

④ 运动机构模块。运动机构为四轮结构，其中两个被电机驱动。

⑤ 系统控制模块。系统控制模块使用了两台计算机，一台用于机器人控制，另一台用于图 7.3-17 所示的营救机器人的系统结构传感器信息融合处理。营救工作需一人协同，但机器人手爪具有传感器反馈功能，可以自动有效地控制手爪运动。

图 7.3-16　营救机器人

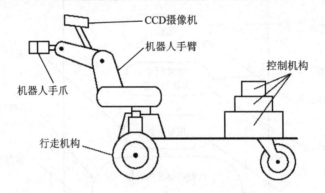

图 7.3-17　营救机器人的系统结构

(2) 手爪传感器

营救机器人手爪及其传感器分布如图 7.3-18 所示，在手爪上集成了力/力矩传感器、触觉阵列传感器和滑觉传感器。

1) 分布式触觉传感器

人类手指有各种传感器官——触觉、压力、热觉和痛觉。作为机器人的手指，首先，分布式(阵列)触觉传感器检测接触压力及其分布。营救机器人手爪采用压力敏感橡胶和条状胶片电极构成的三明治结构的触觉阵列传感器，用来控制处理不规则物体的夹持力。替代矩阵传感的三明治结构，条状胶片电极只用一面，共有 16 根，8 根作为地线，其余 8 根作为信号线，这样在每个手指部位可以检测连续接触压力。

分布式触觉传感器原理如图 7.3-19 所示。为了检测一个平面的平衡压力，这种线传感器在第一个指节上沿纵向布置，而在第二个指节上沿横向布置。在手掌底部内表面也布置了条状触觉传感器阵列。接触力首先转换为导电橡胶的电阻，通过测量电压降检测接触力。所有电极数据通过 I/O 接口送往处理器。

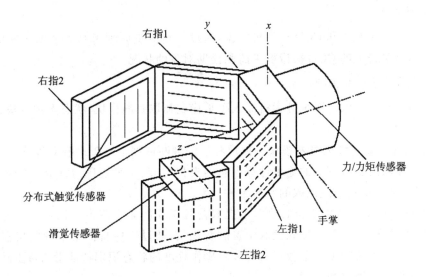

图 7.3-18 营救机器人手爪及其传感器分布

2) 力/力矩传感器

力/力矩传感器为 B.L. Autotec Inc. 公司生产的谐振梁应变传感器,测力范围为 10kgf (1kgf≈9.81N),测力矩范围为 100kgf·cm,通过串口连接到计算机。传感器坐标系中,沿手的方向为 z 向,夹持方向为 y 向,x 向为 y、z 的法线方向。

3) 滑觉传感器

"滑"指被抓取的物体在手中的移动,滑觉传感器为一滚动球,其和夹持的物体接触。当夹持的物体在手中移动时带动球旋转。球的转动传递给带有狭缝的转盘,采用光电传感器检测转盘的旋转,输出脉冲信号。

滑觉传感器原理如图 7.3-20 所示,传感器安装在机械手爪的上端,通过弹簧被压在夹持的物体上。滑觉传感器可在两个方向上检测滑移,分辨率为 1mm,检测范围最大为 50mm,可以检测的最大滑移速度为 10mm/s。

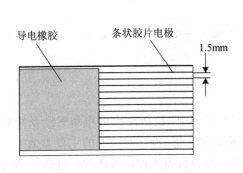

图 7.3-19 分布式触觉传感器原理

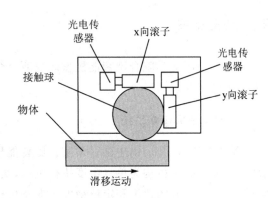

图 7.3-20 滑觉传感器原理

4）视觉传感器

营救机器人采用激光和 CCD 摄像机定位，通过三角测量原理来测量援助对象的位置，操作者也可以通过手臂上的 CCD 摄像机来监测援助对象的状况。

（3）多传感器手爪数据融合系统

多传感器手爪数据融合系统分为机器人手爪稳定抓取判断模块、状态识别模块、控制模块和反馈控制模块。

① 机器人手爪稳定抓取判断模块。抓取状态的判断依据于分布式触觉传感器的数据，通过得到的每个条状触觉传感器的输出计算出总的夹持力，利用平均压力计算每个触觉传感器的不同输出量，从而得到稳定抓取的判断条件。

② 状态识别模块。从传感器的数据中提取营救工作的 4 个基本特征量——腕部力矩的变化量、夹持力的变化量、滑动量和抓取位置的变化量，通过这些特征量来判断机器人手爪操作时对人体的可能伤害程度。营救机器人危险操作程度的状态识别特征量通过上述 4 个特征量分别乘上其权重系数之和得到。

③ 控制模块。机器人手爪抓住人的手臂后，按预先设定的策略进行控制。机器人运动的调节控制依靠稳定抓取判断模块中的 2 个特征量和识别模块中的 4 个特征量及 If - then 规则进行判断，并按以上 6 个特征量的差异来区分不同的优先级。第一优先级控制是抓取姿态控制，通过调整腕部角度的大小来进行控制。第二优先级控制是抓取力控制，可通过调节抓取力的大小来进行控制。第三优先级控制是运动轨迹控制，确定是进行小调整还是进行大的轨迹变化。如果这些指标进行机器人运动调节时互相矛盾，则按指标的优先级决定下一步的控制操作。通过调节控制，每个特征量会达到稳定的状态，从而使机器人营救工作的执行处于安全状态，不会伤害人体。

④ 反馈控制模块，首先检查所有传感器的数据，如果某一传感器的数据超出了正常值，意味着正在接受求援的人处于危险的状态，机器人停止操作，不进行更高一级的处理。通常机器人会被命令停止工作，并在纠正危险状态后重新操作。图 7.3 - 21 所示为营救机器人的多传感器手爪数据融合系统。

四、任务拓展

国内的中国科学院合肥智能机械研究所、北京航空航天大学、哈尔滨工业大学等开展了机器人手爪的研究。

1. EMR 手爪传感系统

EMR 机器人手爪，由中国科学院合肥智能机械研究所研制，包括夹持机构和感觉系统两大部分组成。夹持机构为单自由度执行机构，实现手爪开闭功能，设计时考虑的主要参数为运动范围、夹持力、开闭速度和定位精度。夹持机构的控制器为机器人控制系统的一部分。感觉系统以手爪内部的力觉、接近觉、触觉、位移、滑觉和温度传感器为基础，感知与手爪有关的各种内部和外界信息，同时结合机器人状态信息，为机器人准确地移动和抓取工件提供反馈信息。

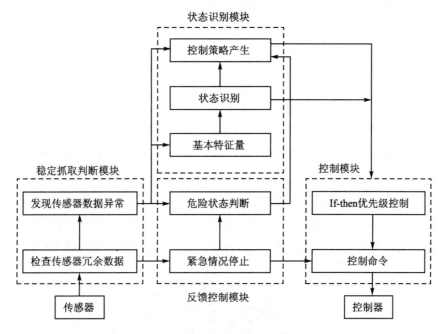

图 7.3-21 营救机器人的多传感器手爪数据融合系统

(1) 力觉传感器

EMR 手爪每根手指有 4 个夹持面,每个夹持面上安装 1 个夹持力传感器,能够检测沿夹持面法线方向的接触力。EMR 手爪上的一体化指力传感器按结构和用途分为 V 形夹持指力传感器和平行指面指力传感器。V 形指构成一个抱紧式夹持机构,用于夹持工字形桁架或抓取单元。应变片贴在 V 形指的旋臂梁上,检测作用于梁上的正压力,分辨率为 5%,检测范围为 60kg。手爪中部设置两个平行相对的指力传感器,在每个指面的弹性体上粘贴应变片,测量作用于面上的正压力,测量范围为 15kg,为夹持较小物体提供力反馈信息。同时,为了操作的安全性,每个指面安装有特定形状的垫板。

(2) 接近觉传感器

EMR 手爪每根指根部的 4 个水平面(V 形指上表面的梁平面)和指尖的 2 个平面上各安装一个光电接近觉传感器。指根部的接近觉传感器用于检测夹持面是否与其他物体接触;指尖的接近觉传感器用于检测指面和被抓物体上表面的相对距离,进行手爪位置调整,防止在抓取物体时与被抓物体发生碰撞。光电接近觉传感器的测量范围为 10mm 时,分辨率为 1mm;测量范围 5mm 时,分辨率可达 0.5mm。

(3) 位移传感器

EMR 手爪的位移传感器采用增量式码盘原理,驱动电机的传动齿轮作为光调制器,用于检测两个手指面间的开合距离,为手爪控制器提供反馈信息,测量范围为 86mm,分辨率为 1mm。EMR 的工作环境固定,操作对象的几何尺寸和位置已知,手指在开合方向上的位移信息与接近觉和力觉信息融合,可提供更高的安全性和容错性。手爪抓紧状态下,位移传感器可以测出被抓物体在夹持方向上的尺寸,为感觉系统判断被抓物体定位情况提供信息。

2. HIT 多传感器智能手爪系统

（1）HIT 智能手爪系统

HIT 智能手爪系统如图 7.3-22 所示,为哈尔滨工业大学基于模块化思想而设计的。手爪系统由机械部分和控制电路部分组成。机械部分包括平行双指末端执行器模块、指尖短距离激光测距传感器模块、带有自动锁紧机构的被动柔顺 RCC 模块、触/滑觉传感器模块激光扫描/测距传感器模块。整个手爪本体高 210mm,最大外径为 132mm,质量小于 25kg。控制电路部分采用主从式、总线型多处理器网络结构,由指尖短距离激光测距传感器信号处理模块、激光扫描/测距传感器信号处理模块、触/滑觉传感器信号处理模块、六维力/力矩传感器信号处理模块、平行双指末端执行器驱动模块、RCC 锁紧机构驱动模块、总线管理器模块构成。

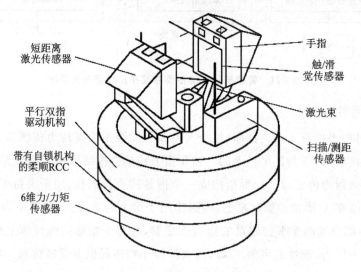

图 7.3-22　HIT 智能手爪系统

（2）HIT/DLR 手爪传感系统

HIT/DLR 机器人灵巧手如图 7.3-23 所示,是哈尔滨工业大学与德国宇航中心基于 DLR-Ⅱ型手共同研制开发的新一代多传感器、高度集成的机器人灵巧手。HIT/DLR 灵巧手 4 个手指结构相同,共有 13 个自由度,600 多个机械零件,表面粘贴 1 600 多个电子元器件,灵巧手的尺寸与人手相比略大,整体质量 16kg。其中,手指与人手结构相同,每个手指有 4 个关节,由 3 个电机驱动,其承重量为 1kg。灵巧手拇指设计有一个旋转关节,目的是为了进行精确而强有力的抓取,而且能够实现基于数据手套的远程遥控作业。

HIT/DLR 机器人灵巧手的显著特点之一是多传感器融合。它共有 94 个传感器之多,这些传感器通过数据采集能够感觉各个手指的位置、姿态。灵巧手的每个手指集机械本体、传感器、驱动器以及各类电路板等于一体,自成模块。通过 4 个螺钉实现手指与手掌机械连接、通过 8 个弹簧插针实现电气连接,并且灵巧手与机械臂的快速、可靠连接采用的是快速连接器。

采用 FPGA(Filed Programmable Gate Arrays)实现灵巧手与控制器之间的信息传递,包括传感信息的采集、控制信号的发送等,灵巧手具有高速串行通信的特点。

手指的每个自由度分布利用非接触角度传感器进行检测,分辨率达 0.5°,手指配置二维力矩传感器、中指关节力矩传感器、六维指尖力/力矩传感器和温度传感器。所有传感器数据经 12 位 A/D 转换器,通过手指控制板 FPGA 的 SPI 端口采集。

3. BH-3 灵巧手

北京航空航天大学机器人研究所研制 BH-3 的灵巧手如图 7.3-24 所示,为 3 指 9 自由度手,采用瑞士 Maxon 微型直流电机驱动,9 个电机全部置于手掌,大大缩短了钢丝绳传动路线,使灵巧手体积减小,质量仅为 13kg。该手臂集成系统中分布了视觉、力觉、接近觉和位置等多种传感器,其中 2 套 CCD 摄像头分别提供臂和手运动空间的定位,PUMA560 的六维腕力传感器和灵巧手的三维指端力传感器提供力感知功能,9 个指关节转角电位计提供抓持空间位置和 3 个指端光纤接近觉传感器提供防碰功能。

图 7.3-23　HIT/DLR 机器人灵巧手

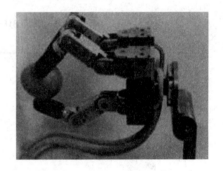
图 7.3-24　BH-3 灵巧手

BH-3 灵巧手控制系统的设计遵循模块化思想,综合考虑系统的可靠性、实时性、灵活性、可扩展性以及经济成本等因素。系统采用两级多 CPU 散控制结构,上层由一个 CPU 实现集中控制,完成规划协调任务,下层由多个 CPU 实现分散控制,每个 CPU 完成一个相对简单的单一任务,各 CPU 在上层 CPU 的统一协调下共同完成系统的整体任务。

图 7.3-25 所示为 BH-3 灵巧手控制系统的原理框图。上层由一台 PC 机构成,是系统的主控级,主要完成的任务包括:

① 用户与系统的交互接口;
② 任务规划;
③ 抓持规划和轨迹规划,包括抓持点选择、接触力计算、坐标变换、任务空间和关节空间的实时插补等;
④ 高级控制算法,包括神经网络控制、模糊控制、力/位混合控制及参考时间可控的多指协调控制等控制方法;
⑤ 与下位 CPU 的通信和协调,包括给各伺服控制去发送指令和从数据采集系统接收信息;

⑥ 在臂—手协调系统中与操作臂的协调。

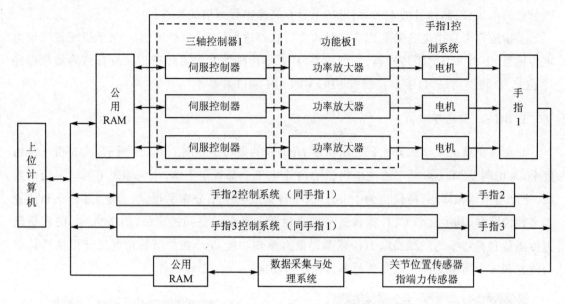

图 7.3-25 BH-3 灵巧手控制系统的原理框图

你还知道哪些灵巧手？试着查阅相关资料，将其所应用传感系统罗列出来，并加以阐述。

五、任务小结

机器人手爪是机器人执行精巧和复杂任务的重要部分，本任务对 Utah/MIT 灵巧手、多传感器集成手爪系、多传感器智能手爪 ARH 系、EMR 手爪传感系统等国内外机械手爪传感系统进行了详细介绍。手爪传感系需要有很强的感知能力，通过传感器来统获得环境的信息，以实现快速、准确、柔顺地触摸、抓取、操作工件或装配件等。

六、 思考与练习

① 装配机器人传感系统包括哪几部分,简述每部分的功能。
② 试述装配机器人装配工作时的流程。
③ 导航有哪几种模式,试详述其中一种。
④ 试述导航机器人在生产、生活都有哪些应用。
⑤ 机器人手爪有哪些种类,各有什么特点?
⑥ 机器人机械夹持式手按手爪的运动方式分为哪两种?各有何典型机构?
⑦ 机器人腕部的作用是什么?有哪些典型机构?
⑧ 机器人臂部的作用是什么?实现两种运动方式的典型机构有哪些?

参考文献

[1] 韩九强.机器视觉技术及应用[M].北京:高等教育出版社,2009.

[2] 余文勇,石绘.机器视觉自动检测技术[M].北京:化学工业出版社,2013.

[3] 陈兵旗.机器视觉技术及应用实例详解[M].北京:化学工业出版社,2014.

[4] 张志勇.现代传感器原理及应用[M].北京:电子工业出版社,2014.

[5] 胡向东.传感器与检测技术[M].北京:机械工业出版社,2013.

[6] 刘娇月,杨聚庆.传感器技术及应用项目教程[M].北京:机械工业出版社,2016.

[7] 李琳,李春,邹焱飚.基于机器视觉焊接轨迹搜索算法[J].焊接学报,2015(6):57-60.

[8] 何少灵,郝凤欢,刘鹏飞.温度实时补偿的高精度光纤光栅压力传感器[J].中国激光,2015(6):79-82.

[9] 冯春,吴洪涛,陈柏.基于多传感器融合的航天器间位姿参数估计[J].红外与激光工程,2015(5):1616-1622.